区块链

构建信任和价值的新型基础设施

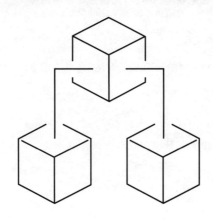

马超 罗松 杨璧竹 魏翼飞◎编著

清华大学出版社

北京

内 容 简 介

作为构建信任和价值的新型基础设施，区块链技术被认为是数字经济的基石。区块链的技术领域主要包括区块链的体系结构、安全与隐私保护、共识协议、智能合约、性能优化与跨链互操作等。

本书首先梳理了区块链的发展历史与现状，详细阐述了区块链的分类、结构以及运行机制。之后对区块链涉及的相关技术（如密码学、共识算法、智能合约等）进行了分析；密码学方面主要分析了哈希算法、非对称加密算法、同态加密、零知识证明与国密算法等，共识算法方面分析了多种经典算法（如工作量证明、权益证明、委托权益证明）以及Paxos与Raft算法等，还列举了一些近几年国内外研究的新型共识算法。此外，本书介绍了现有的区块链平台，如国外的以太坊、超级账本等，以及国内的"星火·链网"平台，分析了目前区块链基础设施建设的情况，列举了基于区块链基础设施的一些应用、区块链如何赋能传统行业以及基于区块链的新型应用案例。全书最后介绍了区块链发展的未来——Web 3.0与元宇宙，阐述了相关概念、发展历史以及两者的关系。

本书可作为高等院校相关课程的教材，也可作为学习区块链技术的参考书，还可供区块链技术领域的工程技术人员阅读。

图书在版编目（CIP）数据

区块链：构建信任和价值的新型基础设施/马超等编著.—北京：清华大学出版社，2023.3

ISBN 978-7-302-63107-1

Ⅰ. ①区… Ⅱ. ①马… Ⅲ. ①区块链技术 Ⅳ. ①TP311.135.9

中国国家版本馆 CIP 数据核字(2023)第 047633 号

责任编辑：曾　珊
封面设计：李召霞
责任校对：郝美丽
责任印制：曹婉颖

出版发行：清华大学出版社
　　　　　网　　　址：http://www.tup.com.cn, http://www.wqbook.com
　　　　　地　　　址：北京清华大学学研大厦 A 座　　　邮　　编：100084
　　　　　社 总 机：010-83470000　　　　　　　　　　邮　　购：010-62786544
　　　　　投稿与读者服务：010-62776969，c-service@tup.tsinghua.edu.cn
　　　　　质量反馈：010-62772015，zhiliang@tup.tsinghua.edu.cn
　　　　　课件下载：http://www.tup.com.cn,010-83470236
印 装 者：北京同文印刷有限责任公司
经　　销：全国新华书店
开　　本：170mm×230mm　　　印　张：9　　　字　　数：136 千字
版　　次：2023 年 5 月第 1 版　　　印　　次：2023 年 5 月第 1 次印刷
印　　数：1～1500
定　　价：59.00 元

产品编号：100051-01

PREFACE

前言

　　区块链是一种全局共享的分布式账本,具有去中心化、高公信力、数据不可篡改、可追溯等特点,将推进未来 Web 3.0 全新互联网模式的发展,也是元宇宙的信任基础设施。作为构建信任和价值的新型基础设施,区块链技术被认为是数字经济的基石,可广泛应用于金融、物流、医疗、能源、农业、政务、司法存证、供应链管理、数字资产交易等多个领域。区块链的技术领域主要包括区块链的体系结构、安全与隐私保护、共识协议、智能合约、性能优化与跨链互操作等。本书综述性地介绍区块链技术的基本原理、核心技术、架构特点和运行机制,总结了当前区块链基础设施建设的情况,列举了基于区块链基础设施的一些应用案例,探讨了区块链发展的未来。

　　全书分为 9 章,第 1～4 章主要介绍了区块链的概念以及相关技术,第 5～8 章介绍了区块链基础设施的建设及应用情况,第 9 章介绍了 Web 3.0 以及元宇宙的相关概念。第 1 章对区块链技术进行了介绍,包括区块链技术的发展历程、区块链类型、体系结构以及运行机制,以及比特币、以太坊和 Fabric 的运行机制。第 2 章对区块链相关密码学算法进行了介绍,包括哈希算法、非对称加密算法、同态加密与零知识证明以及国密算法。第 3 章对区块链技术中最重要的共识算法进行了介绍,首先描述了分布式系统中的共识问题,然后介绍了区块链中经典的共识算法,包括应用于非许可链中的工作量证明、权益证明、委托权益证明,以及应用于许可链中的 Paxos 与 Raft 算法等,还介绍了近几年的新型共识算法。第 4 章介绍了区块链的智能合约技术,介绍了智能合约的发展历史、运行机制、应用案例以及应用时面临的挑战。第

5 章介绍了国内外典型的区块链平台,包括以太坊、EOS 等公有链平台,超级账本等联盟链平台,以及国内的"星火·链网"平台。第 6 章介绍了区块链新型基础设施的建设情况,包括区块链基础设施的组成要素、跨链技术以及区块链基础设施建设中面临的挑战。第 7 章介绍了区块链基础设施建设的现状、区块链如何赋能传统行业以及基于区块链的创新应用案例。第 8 章介绍了区块链基础设施建设过程中面临的问题,包括扩容问题、隐私问题、安全问题、法律监管问题。第 9 章介绍了区块链的未来——Web 3.0 与元宇宙,对 Web 3.0 的发展历史、关键技术以及与元宇宙的关系进行了分析。

本书的主旨是对区块链相关技术和区块链基础设施进行综述性的介绍,总结分析当前区块链技术赋能产业应用发展的现状和面临的挑战,介绍区块链基础设施建设情况,探讨基于区块链基础设施的一些应用及发展前景。读者也可以根据自身需要,选择阅读相关章节。

由于作者水平和视野有限,以及编写时间仓促,加之区块链技术发展迅速,书中难免有疏漏甚至错误之处,恳请读者批评指正。

作　者

2022 年 12 月

CONTENTS

目录

第1章

区块链简介

区块链是一种分布式账本数据库，以区块为存储单元、按链式结构存储了所有被网络认可的交易历史或数据日志信息。可以将区块链理解为记录交易信息或日志信息的巨大账本，这个大账本被网络中的所有节点备份和留存。也正是这个公共大账本的存在，使得区块链具有去中心化、高公信力、数据不可篡改、可追溯等特点。通过共识协议建立的分布式信任机制，保证了在没有专门运营管理机构的情况下，区块链网络中所有节点能够达成共识，并按照既定规则平稳运行。本章将介绍区块链的发展历程、类型、体系结构以及区块链的运行机制。

1.1 区块链的发展历程

区块链发展经历了 3 个阶段：比特币为代表的货币区块链技术为 1.0、以太坊为代表的合约区块链技术为 2.0、以实现完备权限控制和安全保障的 Hyperledger 项目为代表的 3.0。它们分别代表了区块链技术成长的各个阶段，每个后续版本都旨在改进前一阶段的不足。

1.1.1 区块链 1.0

区块链 1.0 时代见证了整个去中心化概念的迭代，它集中体现在加密货币的演进上。区块链的最初出现始于第一个加密货币比特币(BTC)的诞生和发展。它源于专家团队 Cypherpunks,该团队对于互联网和金融系统的未来有担忧,认为互联网的未来将受到监控和审查。因此,他们试图开发一种电子货币系统,以确保隐私的安全,并从经济角度保护开放的互联网。

该系统基于 20 世纪 80 年代和 90 年代的 ECash(电子现金)计划最先被提出。这一阶段,区块链聚焦于高安全性、匿名、点对点交易等完全去中心化属性。

区块链 1.0 技术包括用于加密货币的区块链核心、钱包软件、挖矿设备和挖矿软件等组件。每一台计算机都能够在这些区块链核心中建立节点。

显然,可以将区块链 1.0 定义为第一代区块链技术,其主要聚焦于去中心化和加密货币。

1.1.2　区块链 2.0

区块链 2.0 是以比特币为代表的区块链 1.0 的升级版,其特点主要体现在以太坊的崛起和智能合约的整合上。以太坊是为了构建去中心化应用而建立的,它为开发人员以开源和无须许可的方式将智能合约部署到以太坊区块链,提供了更宽的道路。

这项技术引发了去中心化金融(DeFi)、去中心化自治组织(DAO)、初始代币发行(ICO)和非同质化代币(NFT)的创新。

总体来说,区块链 2.0 可以定义为专注于智能合约的第二代区块链技术。

1.1.3　区块链 3.0

区块链 3.0 可以追溯到 Cardano(ADA)的入场,旨在提高可扩展性,同时允许区块链交互的进化阶段。目前,对于区块链 3.0 暂时没有一种明确的定义和期许,人们认为它应该采用权益证明(Proof of Stake,PoS)机制。

区块链 3.0 的潜力集中在为加密货币之外的服务和行业提供解决方案,因此也被视为企业和机构的区块链。它旨在降低先前版本带来的高昂 gas 费用,同时还增强了区块链的安全功能。

随着区块链技术的不断发展,其集成到供应链、网络安全、投票、医疗保健、Web 服务、物联网等领域已成趋势。这可以使对应行业增强可追溯性、提高效率、提升安全性和交易速度。

如前所述,区块链 3.0 是区块链 2.0 的升级版本,旨在通过使用去中心化应用程序提高技术能力。它专注于解决区块链技术存在的问题,同时促进更快、更低成本和更高效的交易。

1.2　区块链的类型

为了更好地理解区块链,本节讲述区块链的分类。一般来说,按照区块链的开放程度,主要分为公有链、私有链和联盟链 3 种类型。

1.2.1　公有链

公有链类似于一个大家共同记账的公共账本,对于任何人都是开放的,任何人都可以参与区块链数据的维护和读取,数据由大家共同公平、公正、公开地记录,数据不可篡改,去中心化的性质最强。典型案例是 BTC、ETH,如果拿现实来类比,公有区块链可能像我们所处的大自然或者宇宙,人人都在其中,没有或者尚未发现任何主导的中心力量。目前很多人在聊区块链的概念时,几乎聊的都是公有区块链的概念。如有人把区块链理解为公共数据库,而很明显,联盟链和私有链并不属于公共数据库。

1.2.2　私有链

私有链则与公有链相反,有点像一个属于个人或公司的私有账本,仅限于企业、国家机构或者单独个体内部使用,不完全能够解决信任问题,但是可以改善可审计。它的数据虽然也不可篡改,但毕竟开放程度有限,去中心化程度很弱;不过因为参与其数据处理的人数变少,效率会比公有链要高很多。跟现实类比,私有链就像私人住宅,一般都是个人使用。侵入私有链的行为类似于黑客入侵数据库。

1.2.3 联盟链

联盟链就介于公有链和私有链之间,有点像一个由多个公司组成的联盟,他们内部所用公共账本的数据由联盟内部成员共同维护,只对组织内部成员开放,需要注册许可才能访问。从使用对象来看,联盟链仅限于联盟成员参与,联盟规模可以是国与国之间,也可以是不同的机构企业之间。它的去中心化程度适中,甚至可以说是多中心化的,因此,其在效率方面比公有链强,比私有链差。用现实来类比,联盟链就像各种商会联盟,只有组织内的成员才可以共享利益和资源,区块链技术的应用可以让联盟成员间更加信任。联盟链往往采取指定节点计算的方式,且记账节点数量相对较少。表 1.1 是对 3 种不同形式的区块链进行对比。

表 1.1　3 种不同形式的区块链对比分析

要　　素	3 种区块链		
	公　有　链	联　盟　链	私　有　链
参与者	任何人自由进出	联盟成员	个体或公司内部
共识机制	PoW/PoS/DPoS	分布式一致性算法	分布式一致性算法
记账人	所有参与者	联盟成员协商确定	自定义
激励机制	需要	可选	不需要
中心化程度	去中心化	多中心化	(多)中心化
突出特点	信用的自建立	效率和成本优化	透明和可追溯
承载能力	3～20 笔/秒	1000～10 000 笔/秒	1000～100 000 笔/秒
典型场景	虚拟货币	支付、结算	审计、发行

综上所述,公有链、联盟链、私有链在开放程度上是递减的,公有链开放程度最高、最公平,但速度慢、效率低;联盟链、私有链的效率比较快,但弱化了去中心化属性,更侧重于区块链技术对数据维护的安全性。不同类型的区块链有不同的作用,公有链偏向于公共建设,而私有链、联盟链则偏向于企业或组织方向的应用。在不久的将来,一定会出现一个多链并行、百家争鸣的局面。

1.3　区块链体系结构

1.3.1　区块结构

每个数据区块包含区块头和区块体。区块头封装了当前版本号、前一区块哈希值、当前区块 PoW 要求的随机数（Nonce）、时间戳，以及 Merkle 根信息。区块体则包括当前区块经过验证的、区块创建过程中生成的所有交易记录，这些记录通过 Merkle 树的哈希过程生成唯一的 Merkle 根，并记入区块头。下面分别详细介绍 Merkle 树和区块的组成。

1. Merkle 树

Merkle 树又称为默克尔树，也称为 Merkle Hash Tree，因为树中的每个节点存储的都是哈希（Hash）值。Merkle 树可以是二叉树或多叉树，根据实际需要决定。

一个区块需要携带的交易信息量实际上很大，如果存储这些原始信息要求很多的存储空间，具体应用存储成本非常高。Merkle 树提供了一种更简易的表示方式，不仅使得用较小的存储空间容纳更多的数据信息成为可能，实现了交易信息的快速归纳，而且利用部分交易的哈希值就能够验证全部交易。同时，利用 Hash 的形式可以提高安全性，在某一个交易中，哪怕只更改了一个小数点，最后展现出来的 Merkle 根也是完全不一样的。以比特币网络中的区块链为例，Merkle 树用来归纳一个区块的所有交易信息。具体结构如图 1.1 所示。

Merkle 树按层归纳交易信息，叶子节点通过对交易信息进行哈希运算，获得交易的哈希值。对两个不同的交易哈希进行二次哈希，生成中间节点……逐层往上，递归地对节点进行哈希运算，最终获得所有交易信息的哈希值，把它放入 Merkle 根节点，存储在区块头中。无论交易数量，最终的交易信息都只占据 32 字节。

具体的流程大致可描述如下：

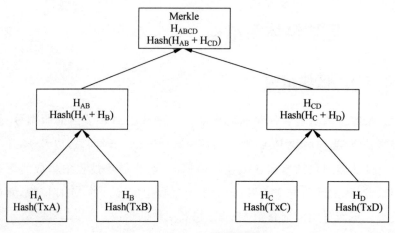

图 1.1　Merkle 树结构示意图

将未包含在之前区块中未存储在 Merkle 树中的交易数据进行哈希,将哈希值存储在相应的叶子节点中,即

$$H_A = SHA256(SHA256(TxA))$$

串联相邻的叶子节点的哈希值,再进行哈希。如

$$H_{AB} = SHA256(SHA256(H_A + H_B))$$

这些节点就被归纳为父节点。递归完成类似过程,最终得到 Merkle 树。

直到最后只剩下顶部一个节点,即 Merkle 根部节点,将其存储在区块头。Merkle 树的存储结构在另一方面也简化了验证特定交易的流程,这大幅提升了验证速度。Merkle 树结构图如图 1.2 所示,节点只需要下载区块头,然后通过验证该特定交易到 Merkle 根的路径的哈希值,即可完成特定交易的验证。例如某个节点参与了交易 K,现在需要验证交易 K 确实被写进了区块链里。节点只需要下载 H_L、H_{IJ}、H_{MNOP}、$H_{ABCDEFGH}$ 的 Hash 值,最终计算得到 Merkle 根的哈希值并与区块头中 Merkle 根进行对比,如果一致,则说明交易 K 已经被写入区块链中。如果不使用 Merkle 树结构,即使存储的均为哈希序列,也需要获取全部交易信息,对所有交易进行遍历,而这些交易信息可能就有几 GB。Merkle 树结构只需要计算 $\log_2 N$ 个 32 字节的哈希值,即可完成特定交易的验证,这种验证方法又被称作简单支付验证(Simplified Payment Verification,SPV)。

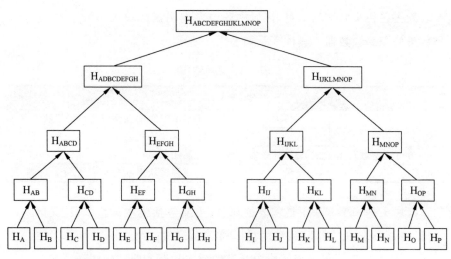

图 1.2　Merkle 树结构图

2. 区块

　　区块链的基本组成单位是区块,区块类似于账本中的账页。以比特币为例,一个区块由两部分组成,包含基础字段信息的区块头和跟在区块头之后的一长串存储为 Merkle 树形式的交易数据,如图 1.3 所示。

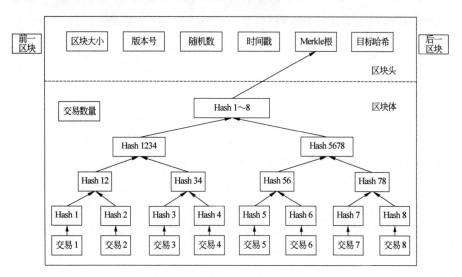

图 1.3　区块字段示意图

除去区块头和交易信息,区块中还包含表明该区块大小的字段、记录交易数量的交易计数器。具体表示如表1.2所示。

表 1.2 区块结构

大 小	字 段	描 述
4字节	区块大小	用字节表示的该字段之后的区块大小
80字节	区块头	组成区块头的几个字段
1~9(可变整数)	交易计数器	交易的数量
可变的	交易	记录在区块里的交易信息

区块头是一个区块中最重要的部分,主要包括版本信息字段、父区块哈希值、Merkle树根、时间戳、难度目标和Nonce值。

① 版本信息标识了该区块中交易的版本和所参照的规则;

② 父区块哈希值实现了区块数据间的链状连接;

③ Merkle树根实现了将区块中所有交易信息逐层成对地整合归纳,最终通过一个哈希值将所有信息包含在区块头中;

④ 时间戳以UNIX纪元时间编码,即自1970年1月1日0时到当下总共流逝的秒数;

⑤ 难度目标定义了矿工需要进行挖矿的工作量证明的难度值,根据实际新区块挖掘出的速度,难度目标值会进行调整,最终保证平均10分钟生成一个新区块;

⑥ Nonce值是一个随机值,矿工挖矿的目标就是找到一个合适的Nonce值,使得区块头地哈希值小于难度目标。

区块体中主要存储交易信息,矿工将经过全网验证的交易通过Merkle树的方式表示。如图1.3所示,假设有8笔交易,分别为交易1、交易2至交易8,Merkle树首先对交易内容进行哈希计算,每笔交易得出对应的哈希值,然后再对交易哈希值进行两个一组的哈希计算,以此类推,最后的哈希值就是存储在区块头中的Merkle树根。Merkle树根通过哈希计算的方式实现了对区块中所有交易记录的有效总结。另一方面,根据哈希运算的特性,Merkle根能够快速验证交易数据的完整性和准确性,只要有人对其中一笔交易进行了篡改,哪怕只有一个小数点,Merkle根便会直观地显示出来。

1.3.2　区块链分层体系结构

区块链平台虽然各有不同,但是整体架构上存在着许多共性,整体上可以划分为 5 个层次——网络层、共识层、数据层、智能合约层和应用层。如图 1.4 所示。

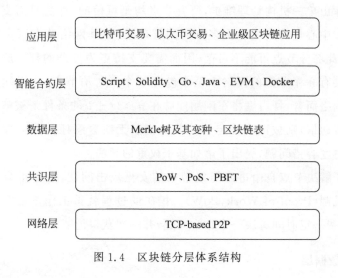

应用层　　比特币交易、以太币交易、企业级区块链应用

智能合约层　　Script、Solidity、Go、Java、EVM、Docker

数据层　　Merkle树及其变种、区块链表

共识层　　PoW、PoS、PBFT

网络层　　TCP-based P2P

图 1.4　区块链分层体系结构

1. 网络层

早在 2001 年,就有相关研究人员提出将 P2P 技术与数据库系统进行联合研究,但是不能适应网络变化而查询到完整的结果集,因而不适用于企业级应用。而基于 P2P 的区块链则可实现数字资产交易类的金融应用,区块链网络中没有中心节点,任意两个节点间可以进行直接通信,任何时刻任一节点也可以自由加入或退出网络,因此,区块链平台通常选择完全分布式且可容忍单点故障的 P2P 协议作为网络传输协议。

区块链网络的 P2P 协议主要用于节点间传输交易数据和区块数据,比特币和以太坊的 P2P 协议基于 TCP 协议实现,Hyperledger Fabric 的 P2P 协议则基于 HTTP/2 协议实现,在区块链网络中,节点时刻监听网络中广播的数据,当接收到邻居节点发来的新交易和新区块时,首先会进行验证,验证诸如数字签名和工作量证明是否有效,只有通过验证的交易和区块才会被处理和转发。

2. 共识层

分布式数据库主要采用 Paxos 和 Raft 算法解决分布式一致性问题,这些数据库由单一机构管理维护,所有节点均是可信的,算法只需支持崩溃容错。而去中心化的区块链由多方共同管理维护,其网络节点可由任何一方提供,因此部分节点可能不可信,因而需要支持更为复杂的拜占庭容错。假设在总共有 n 个节点的网络中至多包含 f 个不可信节点,对于同步通信且可靠的网络而言,拜占庭将军问题能够在 $n \geqslant 3f+1$ 的条件下被解决。而如果是异步通信,则被证明确定性的共识机制无法容忍任何节点失效。为了解决拜占庭容错问题,提出了诸如基于权重的解法。

为了解决节点自由进出可能带来的女巫攻击问题,比特币应用了工作量证明机制(Proof of Work,PoW)。挖矿的过程就是工作量证明的一种形式,即花费一定时间解决一个数学问题,并一次获得记账权。

3. 数据层

比特币、以太坊和 Hyperledger Fabric 在区块链数据结构、数据模型和数据存储方面各有特色。

在数据结构设计上,现有区块链设计了基于文档时间戳的数字公证服务以证明各类电子文档的创建时间。时间戳服务器对新建文档、当前时间及指向之前文档签名进行签名,如此形成一个基于时间戳的证书链,该链反映了文件创建的先后顺序,且链中的时间戳无法篡改。

区块链中每个区块包含区块头和区块体两个部分,区块体存放批量交易数据,区块头存放 Merkle 根、父区块 Hash、时间戳等数据。基于块内交易数据 Hash 生成的 Merkle 根实现了块内交易数据的不可篡改性与简单支付验证;基于前一区块内容生成哈希值将孤立的区块链接在一起,形成区块链;时间戳表明了该区块的生成时间。比特币的区块头还包括难度目标、Nonce 等数据。

在数据模型设计上,比特币采用了基于交易的数据模型。每笔交易由表明交易来源的输入和表明交易去向的输出组成,所有交易通过输入与输出链接在一起,使得每一笔交易都可追溯。而以太坊和 Hyperledger Fabric 需要支持丰富的通用应用,因此采用了基于账户的模型,可基于账户快速查询当前余额或状态。

在数据存储设计上,区块链的数据类似于传统数据库的预写日志,因此通常按日志文件格式存储;由于系统需要大量基于哈希的键值检索,索引数据和状态数据通常存储在 Key-Value 数据库,如比特币、以太坊和 Hyperledger Fabric 都以 LevelDB 数据库存储索引数据。

4. 智能合约层

智能合约是一种用算法和程序编制来编制合同条款,部署在区块链上且可按照规则自动执行的数字化协议。比特币脚本是嵌在比特币交易上的一组指令,实现功能有限,其只能作为智能合约的雏形。以太坊提供了图灵完备(Turing Complete)的脚本语言 Solidarity、Serpent 与沙盒环境 EVM,以供用户编写和运行智能合约;而 Hyperledger Fabric 选用 Docker 作为沙盒环境,Docker 容器中带有一组经过签名的基础磁盘映射,即 Go 和 Java 语言运行时和 SDK。

5. 应用层

目前主流的应用还是以数字货币交易为主,同时也存在去中心化应用(见 7.3.2 节)。

1.4　区块链运行机制

1.4.1　比特币运行机制

比特币的交易流程包括创建用户,发送交易并广播,验证交易,存储交易并广播。

1. 创建用户

比特币交易时,创建的全部是匿名账户。所谓的账户就是用非对称加密算法(比特币使用的椭圆曲线算法)创建的一对秘钥,分为公钥和私钥。首先私钥是一个随机数,随机选取一个 32 字节的数,然后再使用椭圆曲线加密算法(ECDSA-secp256k1)对这个私钥进行压缩,生成公钥。也就是说,比特币的账户本质就是一个随机数而已,没有其他任何信息,这也就为后来有人利用比特币洗黑钱带来了前所未有的便利。所以私钥一定要安全保管,不能让其他人知道,它是你拥有比特币的唯一凭证。公钥是可以暴露给别人的,事实上,通常发送给别人的钱包地址就是公钥通过一系列的哈希计算和 Base58 编码得到的。但是钱包地址不等于公钥,因为以上过程全部是不可逆的,也就是说,你不能通过钱包地址推算出公钥,也不能通过公钥反推算出私钥。其实从私钥到地址,中间经过了 9 个步骤的计算处理,所以私钥是绝对安全的,不可能被破解。

2. 发送交易并广播

假如有 A、B 两个账户,账户信息如表 1.3 所示。

表 1.3　账户信息

户名	私　　钥	公　　钥	钱 包 地 址
A	0xtjnpelimdkygfoqsuhvxzwarcb	0xDNnPoyw 0QKVfssQy	0x9SDYFw46EANVMp 6P3F754k
B	0xwehsSivmE4IHN1aVzwDEzkVC	0xp7cNc9rpnz 23pEHc	0xErho6FVqTqgHTpcLiE 2R6A

为了方便理解和记录,假设:

A 的私钥、公钥和地址分别对应为 private-key-A、public-key-A、address-A;

B 的私钥、公钥和地址分别对应为 private-key-B、public-key-B、address-B。

假设 A 要给 B 转账 5 个 BTC,则付款方会发送这么一笔交易

```
{
    "付款地址": "address－A",
    "收款地址": "address－B",
    "金额": "5BTC"
}
```

在实际发送交易之前，A 还需要对交易进行签名，以便于其他接收节点验证交易。由于非对称加密算法一般一次加密的数据长度有限制（一般是1024 字节），所以在签名之前，先会使用哈希计算得到交易的摘要，然后再对交易摘要进行签名，这样也可以节约计算资源。

```
summary = hash({
    "付款地址": "address－A",
    "收款地址": "address－B",
    "金额": "5BTC"
}) = > "KrDsjT4J7vo6GbibMQMPYkcA2f5bck"
```

假设得到摘要信息是 KrDsjT4J7vo6GbibMQMPYkcA2f5bck，接下来再用 A 的私钥对摘要进行签名：

```
signature = sign(summary, private－key－A) -> "RAJ8uRurwWQVQRO5"
```

签名后，付款节点就会把交易广播到全网节点：已经给 B 转账了 5 个 BTC，大家来确认。广播的信息包含了交易原始信息和签名信息。

3. 验证交易

其他比特币节点收到广播交易之后会对交易进行验证，主要是验证交易由否由本人发起。因为私钥只有本人才有，所以只要验证签名信息是否正确，即是否是使用私钥签名的。当然，在真实交易的时候还会做一些其他验证，如付款方的余额是否足够等。

4. 存储交易并广播

在交易验证通过之后，当前节点就会把交易写入账本，然后广播到与它相连接的节点，其他节点又会对交易进行验证、打包、广播，直到全网节点都确认了交易。

1.4.2　以太坊运行机制

以太坊交易流程包括发起、广播、打包与执行、验证与执行。

1. 发起

用户在本地的以太坊钱包软件中选择要发送的交易地址（From）、输入目标地址（To）、金额（Value）、是否部署或调用合约（Data）、手续费单价（Gasprice）等，并确认发送至以太坊节点。

节点和钱包可以在同一台物理服务器，也可以分离。多个用户各自保有钱包私钥，但通过同一个以太坊节点广播交易。

一般来说，以太坊钱包软件会自动为用户设置 Gaslimit（交易的最大燃料上限）值、Nonce 值，最终将交易序列化后发送到网络中。部分客户端中的 Gaslimit 值和 Nonce 值可以自己定义。

2. 广播

节点收到（或自己发起）交易后，会对交易进行验证。验证交易的签名、发起账号的余额是否足够支付转账余额与手续费、Nonce 值是否为账号已发出的交易数。经验证为合法后，交易可以加入节点的交易池。交易池中存储着待打包的交易，交易经过验证并暂存到交易池的这一过程对区块链的数据结构没有影响。

3. 打包与执行

一般情况下，节点从自身利益出发，会将交易池中的交易按 Gasprice 取出具有较高手续费的交易。根据 To 值的不同，将交易分为 3 种类型。

（1）创建合约交易：To 为空的交易。对于创建合约交易，EVM 将会根据 From 值及 Nonce 值生成合约地址，执行 Data 中对应的智能合约代码（包含合约本身及其构造函数的代码），并最终将合约 EVM 代码存储到合约地址中。

（2）调用合约交易：To 为合约账户的交易。对于调用合约交易，EVM

将从世界状态中获取 To 地址中存储的 EVM 代码,并执行交易的 Data 字段中包含的代码。一般 To 地址中存储的是合约本身,而 Data 中则包含了调用合约的相应函数及其参数。本质上来说,对合约的调用是对合约状态的修改。

(3) 普通转账交易:To 为人控制的账户(也称为外部账户)的交易。这一交易的执行则是直接将以太币金额从 From 转到 To。每笔以太坊的交易都是对以太坊状态的修改,而在每一笔交易执行后,会生成交易的收据,其中带有新建的合约地址、消耗的 gas 总量、交易生成的事件日志(也称为 event 或 log)等。在执行了所有需要打包的交易后,交易、状态和收据的信息也会打包到区块中。记账节点在打包交易并获得合法的区块后,将区块(包含交易数据)广播到网络中的相邻节点。

4. 验证与执行

没有获得记账权的节点(即未打包区块的节点)在收到广播的区块后,将对区块进行合法性验证,并进行交易。验证内容与执行过程与 2(广播)、3(打包与执行)中的相同,其目的是保证智能合约执行的去中心化。

1.4.3　Fabric 运行机制

Fabric 是一种联盟链架构,与公有链不同的是,不同节点具有不同的角色,包括主节点、背书节点、记账节点和排序节点。Fabric 在处理每一笔交易时,每个环节需要对交易信息进行权限校验。

如图 1.5 所示,交易流程包括以下 6 个部分。

(1) 提出交易:在交易流程的第一步,客户端应用程序需要一个业务协议,以便为其自动提出一个特定的交易。然后,客户端应用程序将所有输入和交易发送到网络上存在的所有背书节点。在 Fabric 网络中,有一个智能合约预定义的背书策略。

(2) 执行提出的交易:在交易流程的第 2 步(见 1.4.2 节),广播出去的交易由网络上存在的所有背书节点执行。每个背书节点将捕获交易的读写集(称为 RW 集),该集合将在 Fabric 网络中流动,交易可以是签名和加密的形式。

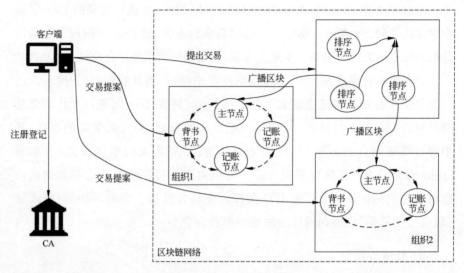

图 1.5　Fabric 交易流程

（3）提案响应：在交易流程的第 3 步，背书节点将 RW 集及其签名异步发送和返回给客户端应用程序。但这些信息稍后会在区块链的共识过程中进行检查。

（4）交易排序：在交易流程的第 4 阶段，一旦客户端应用程序收到所有背书节点的输出及其签名，它们就会将此响应提交给排序服务。在特定的时间段内，许多这样的响应（交易）都可以提交给排序服务。此外，排序服务将决定如何对这些交易进行排序，并且每个人都掌握整个网络中相同的交易顺序。

（5）验证交易：一旦排序服务定义了交易顺序，那么交易流程的第 5 步就是验证交易起点。在这个阶段，排序服务将有序的交易集发送给网络的所有对等节点。有序的交易集合称为区块，记账节点根据背书策略验证区块，并检查 RW 集对于当前的世界状态[①]是否仍然有效。有效的交易将应用于世界状态以及账本上；而无效的交易保留在账本上，但不会在世界状态上更新。

---

①　以太坊的世界状态是地址和账户状态之间的映射。

（6）通知交易：在交易流程的最后阶段，网络的所有对等系统都将提交一组有效的交易。然后，将这组交易添加到区块中，而后将该区块进一步添加到区块链中，每个对等节点将传输事件。记账节点通知它们在 Fabric 网络中连接的应用程序。

本章小结

本章简单介绍了区块链技术，包括区块链的发展历程、区块链的类型、区块链的体系结构及运行机制。

第2章

区块链相关密码学概述

随着现代密码学的发展,针对信息传输中的机密性、完整性、可认证性和不可抵赖性等问题,诞生了大量相关的安全算法,这些安全算法也运用到不同的场景中。这些密码学的知识浩瀚丰富,论证过程精彩复杂。在区块链技术中,同样用到了大量的密码学知识来保障系统的相关特性,相关的算法主要包括哈希算法、对称加密、非对称加密算法、签名机制等。本章将从这些密码学技术基础出发,分别介绍区块链中广泛采用的加密算法、同态加密与零知识证明、国密算法。

2.1 哈希算法

2.1.1 哈希函数

哈希(Hash)又可以称为散列,是与排序相反的一种操作。排序的目的是将某个集合中的元素按照一定的规则排列在一起,而散列是通过将任意长度的输入转换为固定长度的输出,是一种从数据中创建数字指纹的方法。它可以打破原有输入的关系,将数据重新打乱、混合,并创建一个哈希值。

这种转换往往是一种压缩映射,也就是说,哈希值的空间通常远小于输入的空间,不同的输入可能会散列成相同的输出,所以不可能从哈希值来确定唯一的输入值。简单地说,散列就是一种将任意长度的消息压缩到某一固定长度的消息摘要的函数。

哈希算法通常有以下特点:

(1)输入数据可以快速高效地计算出哈希值。

(2)仅通过哈希值基本不可能推导出原始输入数据。

(3)对输入数据的变化很敏感,只要输入数据有一点变动,得到的哈希值差别很大。

(4)很难通过计算不同的输入数据得到相同的哈希值,发生哈希冲突的概率很小。

哈希算法主要有 MD4、MD5、SHA、AES(Advanced Encryption Standard)等。

MD4 出自麻省理工学院教授 Ronald Rivest,他在 1990 年设计了这种信息摘要算法,对于任意长度的输入,MD4 都会产生 128 位输出,其安全性不依赖于任何假设,适合高速实现。然而 MD4 公布不久,一些密码学家发现,如果去掉 MD4 算法的第一轮和最后一轮,则算法是不安全的。

MD5 在 1991 年诞生,由 Ronald Rivest 教授等人基于 MD4 算法进行改进。其总体步骤如下。

① 数据填充:将输入数据的长度按照一定的规则填充到 512 位的倍数。

② 分组处理:对于填充后的数据,将每 512 位(即 64 字节)划分为一组,再对每组数据进行处理。

③ 处理完成后得到的 128 位结果即为哈希值。

MD5 算法的安全性优于 MD4 算法,在抗差分方面表现更好,但是 MD5 也有其相应的弱点,对于给定的输入,可以构造出碰撞,所以其安全性还有待进一步改进。

SHA 算法(Secure Hash Algorithm)也称为安全哈希算法,直译为哈希算法,由美国国家安全局设计,由美国国家标准与技术研究院发布。SHA 家族现有 5 个算法,分别是 SHA-1、SHA-224、SHA-256、SHA-384 和 SHA-512,后四者并称为 SHA-2。

2.1.2 哈希算法的应用

哈希算法的应用非常多,接下来介绍其中最常见的 3 种:唯一标识、数据校验和负载均衡。

(1) 唯一标识:想要在海量的图片中搜索某一张,最基本的方法是拿要查找图片的二进制编码串与图库中所有图片进行比对。如果利用哈希算法,就可以通过哈希运算得到图片的唯一标识。通过唯一标识来判定图片是否在图库中,这样就可以减少很多工作量。

(2) 数据校验:需要保存机密文件时,可以通过哈希算法对文件取哈希值,记录文件的当前状态,将结果存在安全的位置。当需要校验机密文件时,就可以对文件取哈希值进行对比,以此验证文件的内容是否改变了。

(3) 负载均衡:想要实现一个会话黏滞(Sticky Sessions)的负载均衡算法,就需要在同一个客户端上,将一次会话中的所有请求都路由到同一个服务器上。借助哈希算法,可以避免扩容或缩容时造成的缓存失效。可以通过哈希算法,对客户端 IP 地址或者会话 ID 计算哈希值,将取得的哈希值与服务器列表的大小进行取模运算,最终得到的值就是应该路由到的服务器编号。这样,就可以把同一个 IP 地址发送过来的所有请求都路由到同一个后端服务器上。

除此之外,哈希算法在区块链中也有着广泛的使用,交易信息的存储、工作量证明算法、密钥对的产生等过程中都有哈希算法的存在。

如果将区块链看作一个公共账本,节点中每个人都备份了一份账本数据,任何人都可以对账本上的内容进行写入和读取。如果有用户对内容进行了恶意篡改,依照最长链原则,将差异数据与全网数据进行比较后,就能够发现存在的异常。但是,随着时间的累积,账本的数据量必然会越来越庞大,如果将交易数据进行原始存储,利用大量数据直接进行比对,这种工程量对于一个货币系统而言是十分不现实的。对此,在交易信息的存储中,区块链利用了哈希函数能够方便实现数据压缩的特性:一段数据在经过哈希函数的运算后,就能够得到相较而言很短的摘要数据。

以比特币为例,交易信息存储在区块中,区块头中涉及的哈希摘要信息就包含了父区块哈希和 Merkle Root 标识的区块的交易哈希。父区块哈希为上一个区块的哈希值,高度概括了上一个区块的全部字段信息。简单表示如下:第 n 块的区块哈希为 Hash(第 $n-1$ 块的区块哈希,第 n 块的交易信息),第 $n-1$ 块的区块哈希为第 n 块区块的父哈希。因此,即使每一个区块内的交易数据是相互独立的,但是区块间的连接却依赖于上一个区块的哈希值,当链上任何区块中的任一交易数据被篡改,都将直观地反映到最新的区块哈希上。对于哈希函数,不同的原始信息经过相同的函数作用得到的摘要信息之间的差距是极大的。

哈希函数的特点决定了其在区块链中有着不可或缺的作用。它在简化、标识、隐匿和验证信息的过程中都有着独特的作用,算法的安全性也能够得到保证。

2.2 非对称加密算法

2.2.1 对称加密与非对称加密

加密算法一般分为对称加密和非对称加密。对称加密是指双方使用同一个密钥,该密钥既可以加密又可以解密,这种加密方法也称为单密钥加密,通常在消息发送方需要加密大量数据时使用,其计算量小、加密速度快、加密效率高。缺点是在数据传送前,发送方和接收方必须商定好密钥。如果一方的密钥被泄露,那么加密信息也就不安全了。另外,用户在每次使用对称加密算法时,都需要使用其他人不知道的唯一密钥,这会使得收发双方所拥有的密钥数量巨大,密钥管理将成为双方的负担。在对称加密算法中常用的算法有 DES、AES 等。其中,AES 密钥的长度可以为 128、192 和 256位,也就是 16、24 和 32 字节,而 DES 密钥的长度 64 位,即 8 字节。

非对称加密需要两把不同的密钥,分别是公钥和私钥,它们构成一个密钥对。如果使用私钥对一份数据加密,就只能用公钥解密,反之也是一样。由于加密和解密使用的是不同的密钥,所以称为非对称加密。它的速度较慢,但是非常安全。在非对称加密算法中,常用的算法有 DH 算法、RSA 算法、DSA、Rabin、DH(Diffie-Hellman)、ECC(椭圆曲线加密算法)等。其中，DH 算法是 Diffie 和 Hellman 两位作者于 1976 年提出的一种密钥交换协议，主要用于密钥的交换，能够实现密钥在非安全网络中的传输，从而实现通信的安全。它是非对称加密算法的基石，一般用于密钥交换。RSA 算法既可以用于密钥交换，也可以用于数字签名。它的安全性基于数学上极大整数对因式分解的不可实现性。将两个大素数相乘十分容易，但是想要对其乘积进行因式分解却极为困难，因此可以将乘积公开作为加密的密钥，也就是非对称加密中的公钥，而将两个大素数组合形成私钥。RSA 算法的本质是数学，公钥和私钥是数学上关联的，无须直接传递。DSA(Digital Signature Algorithm)一般只用于数字签名。数字签名是在非对称加密体制下，仅信息发送者才能产生的一段无法伪造的数据，它同时也是对信息发送者身份真实性的有效证明。数字签名不仅可以用作身份鉴别防止伪造，也可以避免发送者对签名过的信息进行抵赖。

图 2.1 举例描述了发送方使用数字签名向接收方传输文件的过程。

① 发送方把源文件经过哈希函数得到的摘要和用私钥加密的数字签名一起随源文件发送给接收方。由于哈希函数对于内容变化的敏感度极高，所以一旦源文件被篡改，摘要值将发生很大的变动。

② 接收方使用发送方的公钥解密，并和源文件的哈希值进行验证，若两者的哈希值一致，则签名有效，否则签名无效。

2.2.2　非对称加密在区块链中的应用

非对称加密技术在信息化系统中始终扮演着关键角色，是构建区块链应用的基石，被称为构建信息化系统诸多核心功能的基础。在区块链系统中，非对称加密技术除了用于用户标识、操作权限校验，还用于数字资产的流转、资产所有权的标识等。在区块链技术中，加密算法不仅需要满足不可逆性，还需要满足节点独立验证签名信息的需求。非对称加密算法的特性十分贴合以上需求。因此在区块链中大量采用了非对称加密。

具体来说，基于非对称加密技术的数字签名可以构建公私钥对，以标识用户身份；可以基于公钥生成加密资产地址，以公私钥对检验资产所有权；

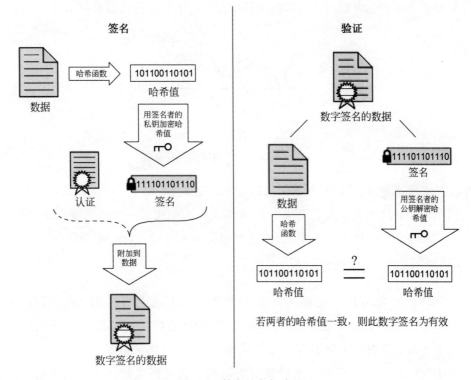

图 2.1 数字签名与验证

可以用私钥对操作签名,用公钥校验用户的操作权限等。

在比特币系统中,生成私钥时使用的就是椭圆曲线加密算法。椭圆曲线加密算法是一种基于离散对数问题的非对称加密算法,属于非对称加密算法的一种,它利用曲线上的点进行加法或者乘法运算。在实际使用时,私钥由随机数生成,而公钥通过椭圆曲线算法计算得到,该算法同样具有不可逆性。比特币网络选择了 spec256k1 标准定义的一条特殊的椭圆曲线和一系列数学常数,该曲线由式(2-1)定义:

$$
\begin{cases}
y^2 = (x^3 + 7)\,\mathrm{over}(F_p) \\
y^2 \bmod p = (x^3 + 7) \bmod p
\end{cases}
\tag{2-1}
$$

上述 $\bmod p$(素数 p 取模)表明该曲线是在素数阶 p 的有限域内,其中 p 是一个非常大的素数。定义在素数域的曲线是很像一些离散的点集,因此使用图 2.2 中的曲线对比特币区块链中使用的函数曲线进行近似描述。

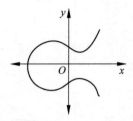

图 2.2 比特币中实际使用的函数曲线

在椭圆曲线加密中,对于加法的运算的定义是:两个点的加法结果是两点的连接和曲线的交点关于 x 轴的镜像。确定曲线上一个点为基点 P,由私钥推得公钥的算法很简单,公钥 Q 就定义为 K 个 P 相加,K 为私钥:

$$Q = \underbrace{P + P + \cdots + P}_{K} \tag{2-2}$$

具体的几何定义见图 2.3,相加存在两种情况:①P、Q 为相同点;②P、Q 为不同点。如果 P、Q 为相同点,那么 P 和 Q 的连线就是 P 的切线,曲线上有且只有一个新的点与该切线相交,切线斜率可根据微分求得。如果 P、Q 为不同点,那么重复根据加法运算定义进行求解即可。从理论上讲,以目前的计算能力,攻破椭圆曲线是不现实的。

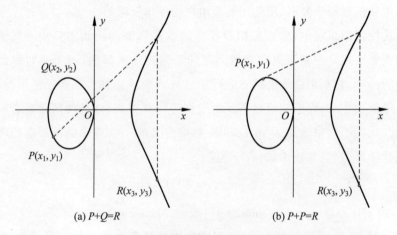

(a) $P+Q=R$ (b) $P+P=R$

图 2.3 椭圆曲线加法几何示意图

2.3 同态加密与零知识证明

2.3.1 区块链隐私保护需求

在现在这个网络普及的时代,个人隐私已经成为一个既敏感又常见的问题,随着越来越多的人加入区块链,私人钱包被盗或隐私外露等事件层出不穷,这使得大家对隐私保护的需求在逐步提升。

区块链技术最初给人的印象是其拥有不可篡改性、一致性、分布式等特点。而一般的公链,如比特币、以太坊等的匿名性都是较弱的。但是匿名性可以通过密码学技术来进一步增强,其中主流的方法有两种:一种是采用混币的方式,其中最具代表性的公链技术是门罗币;另一种技术是采用零知识证明的方式实现强匿名性,具有代表性的公链技术是大零币(即 Zcash,数字货币代码为 ZEC)。区块链的交易采用强匿名性是一把双刃剑,匿名性强的同时也使得监管更加困难,流通性受到限制。匿名技术在不同应用场景下有不同的应用。在金融场景下,区块链隐私保护可以保障交易数据端到端的全生命周期的安全性。具体体现在交易执行流程,如交易数据、合约代码、状态数据等的保护,以及合约执行时的计算过程保护等。在电子贸易平台场景下,对商品的生产和物流实现匿名性,在保持高性能的同时借助合约授权能力,使得监管方能够进行全流程监管。

区块链技术在隐私方面具有先天的优势,隐私保护和扩大加密市场也是 Web 3.0 的重要方向之一,现在也有越来越多的开发者进入隐私保护的赛道,角逐也越来越激烈。基于目前的情况,下面将分别介绍两个主要的隐私解决方案——同态加密和零知识证明。

2.3.2 同态加密原理

同态加密是基于数学难题的计算复杂性理论的密码学技术,其主要思想是:对经过同态加密的数据进行某种计算得到一个输出,将这一输出进行解密,其结果与用同种方法计算未加密的原始数据得到的输出结果一致。

同态加密与一般加密方案的关注点不同。一般的加密方案关注的是数据存储安全,即要给其他人发送信息或者存储信息时,需要对数据进行加密之后再发送和存储。这样只需要保证在数据传送和存储的过程中不被其他人窃听即可,在这个过程中,用户不能对加密的结果做任何操作,否则可能会导致解密失败。

而同态加密的关注点则是数据处理安全,其提供了一种对加密数据进行处理的功能。也就是说,其他人可以对加密后的数据进行处理,在这个过程中不会泄露任何原始内容,在数据处理完成之后再进行解密,得到的正是对原始数据进行相同处理后的结果。

一般来说,同态加密具有加法同态性和乘法同态性,可利用加法和乘法构造任意的计算方法对密文进行运算。根据同态性质可分为部分同态加密和全同态加密等。

1. 部分同态加密

部分同态加密算法允许某一操作被执行无限次。例如,一个特定的算法可能是加法同态的,这意味着将两个密文相加会产生与加密两个明文之和相同的结果。①加法同态:该加密方案支持的同态函数族为所有可以仅由加法实现的函数。目前使用比较广泛的是 Paillier 加法同态。②乘法同态:该加密方案支持的同态函数族为所有可以仅由乘法实现的函数,如经典的 RSA 加密方案。

2. 全同态加密

Gentry 于 2010 年提出基于整数的全同态加密方案,仅在整数上进行简单计算,其安全性可以归约为近似最大公约数问题。BGV(Zvika Brakerski, Graig Gentry, Vindo Vaikuntanathan)方案是第二代全同态加密方案的一个典型代表方案,它使用了模切换降低密文噪声,并采用密钥切换控制密文大小,还支持单指令多数据流编码,能对多比特明文编码进行打包处理,可明显提升计算性能。第三代全同态加密方案则以 2013 年被设计出来的 GSW(Gentry-Sahai-Waters)方案为代表。GSW 方案中密文是矩阵形式,因此密文的加法和乘法相当于对矩阵做加法和乘法。在进行同态计算时,密文大小不会变大,也无须引入计算密钥。

纵观同态加密方案近十余年的发展,虽然存在效率低、密文膨胀等瓶颈,但各种优化技术是加速同态加密技术在隐私计算领域中规模化使用及工业化落地的催化剂。

2.3.3　零知识证明原理

在公共区块链网络上实现隐私保护的另一种越来越普遍的方式是零知识证明(Zero Knowledge Proof,ZKP)。零知识证明指的是证明者能够在不向验证者提供任何有用信息的情况下,使验证者相信某个论断是正确的,它实质上是一种涉及两方或更多方的协议,即两方或更多方完成一项任务所需采取的一系列步骤,它具有安全性和高效性的优点。例如,A 要向 B 证明自己拥有某个房间的钥匙,该房间只能用钥匙打开锁,而其他任何方法都打不开。B 确定该房间内有某一物体,A 用自己拥有的钥匙打开该房间的门,然后把物体拿出来出示给 B,从而证明自己确实拥有该房间的钥匙。这就是零知识证明。

ZKP 首先出现在 1985 年麻省理工学院的一篇论文中,该论文由 Shafi Goldwasser 和 Silvio Micali 撰写,名为《交互式证明系统的知识复杂性》。在文章中,作者提出证明者有可能说服验证者关于数据点的特定陈述是真实的,而无须披露有关数据的任何其他信息。

ZKP 可以是交互式的,可以由证明者说服特定的验证者,但需要对每个单独的验证者重复此过程;它也可以是非交互式的,证明者生成一个证明,任何人都可以使用相同的证明进行验证。此外,现在还有各种 ZKP 实现,包括 zk-STARKS、PLONK 和 Bulletproofs 等,每种方式都能够自己证明大小、验证时间等。

零知识证明必须满足以下几个性质。

(1)正确性:证明者无法欺骗验证者。

(2)完备性:验证者无法欺骗证明者。

(3)零知识性:证明者无法获取任何额外的知识。

Web 3.0 时代是个人持有数据的时代,是隐私需求非常高的时代,在这个背景下,零知识证明在很多场景下都非常有用,例如身份验证、数字签名、认证协议等场景。

区块链兴起之后,密码学受到更大的重视,零知识证明作为一种密码学方法,热度也提高了很多。它可以解决区块链中的隐私问题和安全问题,可以在不知道客户密码的前提下,进行客户登录的验证,即使服务器被攻击,由于其并未存储客户明文密码,用户的账户依然是安全的。每一笔比特币交易都是透明的,谁给谁转了多少钱都是公开可查的。但是,通过零知识证明技术实现的隐私币就可以达成隐藏交易信息,但是同时能让全网验证交易合法性的效果。

目前的数据以亿为计量单位的,必须对链上的数据进行加密存储。数据使用者只可以获取与其业务相关的有限信息字段,确保其难以获取完整有效的明文用户信息。

2.4 国密算法

2.4.1 国密算法发展背景

加密算法是保障信息安全的核心技术,我国关键金融领域长期以来都是沿用 MD5、SHA-256、AES、RSA 等这些国际通用的密码算法体系及相关标准。随着计算机性能的提升,原本被认为安全的加密算法,也越来越容易被破解。

1997 年破解对称加密需要用时 76 天,1998 年需要用时 41 天,到了 1999 年仅用 22 小时;2004 年,在国际密码大会上,有研究团队分享了对于 MD4、MD5 等四个国际著名密码算法的破译结果;2010 年 5 月,密歇根大学宣布发现漏洞导致 RSA 1024 位的私钥加密被破解。

随着金融安全上升到国家安全高度,近年来国家有关机关和监管机构站在国家安全和长远战略的高度上提出了推动国密算法应用实施、加强行业安全可控的要求,希望摆脱对国外技术和产品的过度依赖,建设行业网络安全环境。

　　基于这种大背景,国家密码管理局(国家商用密码管理办公室与中央密码工作领导小组办公室)逐步推出国内自主可控的商用密码算法标准,即国密系列算法。一般认为国密与商密是同义词,国密算法又称商用密码。1999 年 10 月 7 日,国务院发布实施了《商用密码管理条例》,其中规定:"商用密码是指对不涉及国家秘密内容的信息进行加密保护或者安全认证所使用的密码技术和密码产品。"

2.4.2　国密算法分类

　　国密算法包括了对称加密算法、椭圆曲线非对称加密算法、杂凑算法等。常见的国密算法主要有以下几种。

　　① SM1:对称加密算法,与 AES 算法的安全性相似,主要用于智能 IC 卡。

　　② SM2:非对称加密算法,基于椭圆曲线加密,主要用于数字签名领域。

　　③ SM3:杂凑算法,对标 SHA-256。

　　④ SM4:对称加密算法,密钥和分组长度均为 128 位。

　　⑤ SM7:对称加密算法,主要用于非接触式 IC 卡。

　　⑥ SM9:非对称加密算法,相对于 SM2 省去了证书管理。

其中,SM2、SM3、SM9 都是 ISO/IEC 国际标准,下面将详细介绍。

1. SM2 算法

　　SM2 算法属于非对称加密中椭圆曲线加密的一种,准确来说,就是设计了一条 ECC 命名曲线。对于开发者而言,设计一条安全的命名曲线也非常难,需要丰富的理论知识。如果设计不当,可能会存在安全风险。一些组织为此还定义了命名曲线的一些设计标准,不同的设计标准有不同的目标,例如,有的以安全性为首要目标,有的以效率为首要目标。SM2 算法的安全性很好,其签名速度与密钥生成速度都快于 RSA。

2. SM3 算法

SM3 算法是由我国著名的密码学家王小云和国内其他专家共同设计的哈希算法,它只能用于加密而不能解密,是一种简单的单向算法。该算法于 2012 年发布为密码行业标准(GM/T 0004—2012),于 2016 年发布为国家密码杂凑算法标准(GB/T 32905—2016),其适用于商用密码应用中的数字签名和验证,是在 SHA-256 基础上改进实现的一种算法,其安全性和 SHA-256 相当。SM3 算法的消息分组长度为 512 位,摘要值长度为 256 位。整个算法的执行过程可以概括成 4 个步骤:消息填充、消息扩展、迭代压缩、输出结果。

3. SM9 算法

SM9 算法是一种基于标识的密码算法(简称 IBC),由数字签名算法、标识加密算法、密钥协商协议三部分组成,相比于传统密码体系,SM9 密码系统最大的优势就是无须证书、易于使用和管理并且成本低。其应用十分广泛,可以实现各类数据的加密、身份认证等安全服务。由于其易用性和安全性,它非常适合海量设备间的安全通信,因此在保障移动互联网、大数据、工业互联网、物联网、车联网等领域的数据安全方面有着得天独厚的优势。SM9 算法不仅可以解决身份认证、数据安全、传输安全、访问控制等多种安全问题,还支持语音、视频数据的保护,功能十分强大。

2.4.3 国密算法在区块链中的应用

根据国家互联网应急中心发布的互联网安全威胁报告,仅在 2017 年 12 月,境内被篡改网站数量就达到了 4130 个,国家信息安全漏洞共享平台(CNVD)收集整理的信息系统安全漏洞多达 1554 个,互联网安全形势仍然很严峻。越来越多的国际通用密码算法屡屡被传出被破解、被攻击,存在较高的安全风险。原本我国金融系统大多采用国外制定的加密算法,存在着大量的不可控因素,一旦被不法分子利用攻击,所产生的损失将不可估量。所以在结构中引入国密算法标准,对超级账本项目在国内的商业推广有很重要的作用。

2020年1月1日起正式施行的《中华人民共和国密码法》第二十七条指出，"法律、行政法规和国家有关规定要求使用商用密码进行保护的关键信息基础设施，其运营者应当使用商用密码进行保护，自行或者委托商用密码检测机构开展商用密码应用安全性评估。"目前，不少信息系统存在国产算法密码应用不合规、未使用、使用不规范等问题，而密码是保障网络安全的核心技术和基础支撑，在保证信息的机密、保证信息的真实性、保证数据的完整性、保证行为等方面有着不可替代的重要作用。可以说，各类信息系统的密码改造工作迫在眉睫。

国密改造主要基于3点思考：

（1）安全性：总体来说，国密对应的几种算法都比国际算法的安全性更高。

（2）规范性：在政府及行业提出的区块链密码应用技术要求中，都提到需要支持国密算法。

（3）可控性：基于国密改造的前两个优势（更安全、更规范），同时由国家自主可控。

国密改造的切入点主要是 BCCSP（Block Chain Cryptographic Service Provider，区块链密码服务提供者）。以 Fabric 为例，BCCSP 能够用来提供加解密、签名校验相关功能。它通过 CA 给相关核心功能和客户端 SDK 提供加密算法相关的服务，包括共识模块、背书模块等。通过 BCCSP，Fabric 中的密码算法模块实现了可插拔，并适配多种标准。

对国密算法的支持首先就要通过这个模块入手，通过软件实现和硬件对接两方面实现改造。软件方面可以通过 Golang 的加密库实现，而硬件接口方面，可以使用 RSA 提供的一套标准密码接口 API。其次，国密改造还需要关注 X509 证书支持，Fabric 中证书创建和解析相关是加入 Golang 中的 X509 证书模块完成的，但是现在 X509 模块只支持 RSA 和 ECDSA 两种算法模式。所以，如果直接引入原版的 X509 证书解析，在证书国密支持方面会比较棘手，这个问题可以通过重写 X509 文件或者在 Fabric 重新定义 X509 证书生成解析方法来解决。除此之外，作为整个系统，对 Fabric 做国密改造也少不了外围的支持,包括 Fabric-CA 和 Fabric-SDK。Fabric-CA 主要是为了实现对加入联盟链的成员的身份控制。CA 改造可以考虑使用现有的国密 CA 系统,也可以考虑通过 Fabric-CA 来做搭建。而 Fabric-SDK 主要是一个区块链的大框架,每一个应用发布上去,都可以调用提供的 SDK 的功能。SDK 改造只需要把对应的包修改为修改国密引用的第三方包即可。

本章小结

在基于区块链的交易中,为了确保交易数据的安全性和客户信息的隐私性,密码学技术在区块链中得到了广泛的应用。本章从现代密码学出发,阐述了哈希函数、非对称密码体制、数字签名、国密算法等密码学技术及其在区块链中的应用等。

第3章

区块链共识技术

区块链网络中的每个节点都拥有这个巨大账本,在缺乏第三方监管机构的情况下,当网络中的大部分人都拥有书写账本的权利时,区块链如何保持账本内容的一致性和内容不被恶意篡改呢?共识机制就是区块链中节点就区块信息达成全网一致共识的机制,保证最新的区块信息被准确添加至区块链、节点存储的区块链信息一致,并能够抵御恶意攻击。共识算法是区块链这个分布式账本能够实现的灵魂所在。

随着区块链技术的不断发展,不同的共识算法更新迭代,传统的如工作量证明和权益证明等算法已经通过实践检验了其有效性;而新的共识算法,不仅包括竞争类共识算法和选举类共识算法,还有基于有向无环图的共识算法,其出现也改变了区块的链式存储结构,并实现了无区块的概念。本章内容将对上述概念进行详细描述。

3.1　一致性与共识机制

何为一致性?具体而言,是指针对分布式系统中不同节点,给予一定操作,在约定协议的保障下,试图使得它们对处理结果达成"某种程度"的认同。在理想情况下,如果各服务节点严格遵循相同的处理协议,构成相同的处理状态,给定相同的初始状态及输入序列,则可以保证在处理过程中的每个环节结果均相同。值得注意的是,一致性并不代表结果正确与否,而是系统对外呈现的状态是否一致,如果所有节点都达成失败状态也是一种一致性。对于区块链系统,想要达成一致性结果,必须满足:

(1) 可终止性——结果在有限时间内能够完成。

(2) 约同性——不同节点最终完成决策的结果是相同的。

(3) 合法性——决策的结果必须是由某个节点提出的提案。

要实现绝对理想的严格一致性(strict consistency)的可能性不大,除非系统不发生任何故障,同时所有节点之间链接无须耗费时间,整个系统实质上等同于一台机器。从实际情况出发,越强的一致性往往会造成越弱的处理性能,以及越差的可拓展性。

进而,强一致性(Strong Consistency)开始被业界提出,主要包括顺序一致性、线性一致性,但依旧比较难实现,而且从实际需求出发,需求性不大,同时,强一致性的实现往往意味着高成本。因此,目前市场大部分系统的实现往往是通过所谓的最终一致性(Eventual Consistency),即总会存在一个时刻,让系统达到一致的状态。

随着区块链技术的不断发展,不同的共识机制不断涌现,现有的一部分共识机制和代表性应用介绍如表 3.1 所示。

表 3.1　共识机制举例

工作量证明-PoW	SHA256 算法	比特币(Bitcoin)、比特现金(Bitcoin Cash)
	Ethash 算法	以太坊(Ethereum)、以太经典(Ethereum Classic)
	Scrypt 算法	比特黄金(Bitcoin Gold)、莱特币(Litecoin)
	Equihash 算法	大零币(Zcash)、小零币(Zcoin)
	CryptoNote 算法	字节币(Bytecoin)、门罗币(Monero)
	X11 算法	达世币(Dash)、石油币(Petro)
权益证明-PoS	点点币(Peercoin)、黑币(Blackcoin)、量子链(Qtum)、以太坊第四阶段(Ethereum)	
委任权益证明-DPoS	柚子(EOS)、斯蒂姆币(Steem)、应用链(Lisk)	
随机权益证明-RPoS	Orabs、超脑链(Ultrain)	
有向无环图-DAG	埃欧塔(IOTA)	

续表

实用拜占庭容错算法-PBFT	超级账本(Hyperlegder)0.6版、央行的数字货币
Pool验证池	私有链
活跃证明-PoA	唯链(Vechain)、欧链(Oracles)
瑞波共识机制-RPCA	瑞波币(Ripple)
恒星共识协议-SCP	恒星币(Stellar)
容量证明-PoC	爆裂币(Burstcoin)
自定义共识机制及混合和共识机制	Hcash(红烧肉-Hshare)、授权拜占庭容错-dBFT(小蚁-NEO)、联邦拜占庭协议-FBA

3.2　拜占庭将军问题

拜占庭将军问题(Byzantine failures Problem)是由莱斯利·兰伯特(Leslie Lamport)和其他两人针对点对点通信于1982年提出的一个基本问题。问题描述为：在古代东罗马的首都，由于地域宽广，守卫边境的多个将军(系统中的多个节点)需要通过信使来传递消息，达成某些一致的决定。但由于将军中可能存在叛徒(系统中节点出错)，这些叛徒将努力向不同的将军发送不同的消息，试图干扰一致性的达成。拜占庭问题指的是在此情况下，如何让忠诚的将军们能达成行动的一致。

例如：10个将军共同去攻打一座城堡，只有一半以上(也就是至少要6个)将军一起进攻，才可能攻破。但是，这中间有可能存在未知叛徒，造成真正进攻的军队数量小于或等于5，致使进攻失败而遭受灭亡。那么如何相互通信，才能确保有6个将军同时发布进攻命令，从而使军队一致进攻而成功；或者确保小于6个将军的进攻命令，从而使军队一致不进攻避免被灭掉？也就是说，要么一半以上同意一起进攻而决定进攻，要么不到一半同意一起进攻而决定不进攻，但要避免达成进攻意见但命令却是不进攻，使那些进攻军队数小于或等于一半，造成进攻者的被灭。这种情况并不考虑进攻的命令是否准确有效，单纯就各位将军的命令在何种情况下能够确保一致。

拜占庭将军问题可以简化为：所有忠诚的将军能够相互间知晓对方的

真实意图,并最终做出一致行动。而形式化的要求就是一致性和正确性。兰伯特对拜占庭将军问题的研究结论是,如果叛徒的数量大于或等于 1/3,拜占庭问题不可解;如果叛徒个数小于将军总数的 1/3,在通信信道可靠的情况下,通过口头协议,可以构造满足一致性和正确性的解决方法,将军们能够做出正确决定。

口头协议指的是:将军们通过口头消息传递达到一致。隐藏条件是:每则消息都能够被正确传递;信息接收方确定信息的发送方;缺少的信息部分已知。如果同时将一个节点的信息传递给其他两个节点,这两个节点接收到消息后也分别传达给其他节点,这样每个节点都是信息的接受方和传递方……直到每个节点最后都收到所有节点发送的信息。在此过程中,若出现叛徒或虚假消息导致信息不匹配,所有节点按照少数服从多数的原则,行动便能够达成一致。缺点是:如果出现信息不一致的情况,因为对于信息的传送方未知,所以无法判断叛徒。

为了解决无法追溯根源的问题,还有一种方案:采用签名信息。将军们利用不可伪造的签名技术表达自己的意见,其他人可以验证签名的有效性,如果签名被本人之外的第三方篡改,则很容易被发现。但是这种方案需要解决如何实现真正可靠的签名体系。如果依赖第三方存储签名数据,那么这个网络本身就不再是前提中所假设的节点间互不信任的分布式结构,其次是签名造假的问题也无法避免,同时,异步协商带来的漫长的传输时间并不适合实际使用。

3.3 共识算法

3.3.1 工作量证明

作为一种分布式网络,区块链网络需要解决拜占庭将军问题,以达成工程上的相对一致。在比特币区块链中,通过工作量证明机制解决了如何在互不信任的分布式网络中确保各方利益的同时达成一致共识的难题。

工作量证明(Proof of Work,PoW)是一种对应于服务与资源滥用,或阻断服务攻击的经济对策。一般要求用户进行一些用时适当的复杂运算,并且答案能被服务方快速验算,以耗用的时间、设备与能源作为担保成本,确保服务与资源是被真正的需求所使用。此概念最早由 Cynthia Dwork 和 Moni Naor 在 1993 年的学术论文提出,而"工作量证明"一词则是在 1999 年由 Markus Jakobsson 与 Ari Juels 共同发表。现在常用"工作量证明机制"指代应用于区块链技术中的一种主流共识机制。

工作量证明常用的技术原理是哈希函数。在比特币挖矿过程中使用的是 SHA256 哈希函数,无论输入值的大小是多少,SHA256 函数的输出的长度总是 256bit。该算法的规则是,节点通过解决密码学难题,也就是算得工作量证明解,来争夺唯一记账权。平均十分钟(具体时间受密码学问题的难度影响)会有一个节点记账成功,其他节点验证通过后复制这一记账结果。

矿工首先根据存储的交易池中的交易构造一个候选区块,计算区块头信息的哈希值,观察它是否小于当前的目标值。如果小于目标值,那么在没有其他节点广播信息的时候,矿工成功争夺记账权;如果哈希值不小于目标值,那么矿工会修改 Nonce 值,然后再试一次。具体目标值越小,找到小于该目标值的哈希值就会越难。以掷骰子举例,两个骰子的和小于 12 的概率远大于两个骰子的和小于 5 的。同时,无论哈希值前有多少位规定为 0,随着 0 位数的增加,难度都会越大。如果考虑的是 256bit 空间,每次哈希值前多一个 0,那么哈希查找的空间将缩减一半。

矿工成功挖矿代表得到了新区块的工作量证明解,并将迅速在网络中进行广播,其他节点在接受并验证后也会继续传播新区块,每个节点都会把它当作新区块添加到自身节点的区块链副本中。当挖矿节点收到并验证了这个新区块后,便会放弃之前对构建这个相同高度区块的计算,并立即开始计算区块链中的下一个区块。

在比特币网络中,实现所有节点的去中心化共识机制,不单需要工作量证明,还有其他 3 个独立的过程相互作用:每个全节点依据综合标准对每个交易进行独立验证;通过完成工作量证明算法的验算,挖矿节点将交易记录独立打包进新区块;每个节点独立地对新区块进行校验,并组装进区块链;每个节点对区块链进行独立选择,在工作量证明机制下选择累计工作量最大的区块链。

其中,解决区块链的分叉问题遵循了累计工作量最大的链条为网络主链的原则。当有两名矿工几乎在同一时间算得新区块的工作量证明解,在分别对各自区块进行传播的过程中,就会出现两个不同版本的区块链。解决方法如下:总有一条最终会成为更长的链,所有节点会接收更长的链,网络就会重新达成共识,这就是最长合法链原则。

3.3.2 权益证明

工作量证明算法的优势明显,但为了维持其正常运转却需要大量的资源投入,尤其是电力资源和购置矿机的成本。根据 Digiconomist 调查,仅仅比特币矿工就要使用 54TW·h 的电力,这些电量足够支持美国五百万个家庭的用电,甚至整个新西兰或匈牙利的电力消耗,但是实际耗电不仅止于此。权益证明机制试图找到一个更为绿色环保的分布式共识机制。

2011 年,QuantumMechanic 在 Bitcointalk 论坛首次提出了权益证明,权益证明(Proof of Stake,PoS)是一类应用于公共区块链的共识算法,不同于工作量证明中新区块的挖掘完全取决于节点进行哈希碰撞的算力,在权益证明中,新区块的创建是通过随机、财富或币龄的各种组合来进行选择的,取决于节点在网络中的经济效益。它所蕴含的概念是:区块链应该由具有经济利益的人进行保障。通过选举,系统随机选择节点验证下一个区块,但要成为验证者,节点需要在网络中事先存入一定数量的货币作为权益,这类似于保证金机制。权益证明的运作方式是,当创造一个新区块时,节点需要创建一个 coinstake 交易,交易会按照一定比例将一些币发送给节点本身。根据节点拥有币的比例和时间,按照算法对难度目标进行调整,从而加快了节点找到符合难度目标随机数的速度,这极大地降低了系统达成共识所需要的时间。

权益证明并不单纯考虑账户余额,因为如果将账户余额定义为下一个有效区块的挖掘方式,那么单个最富有的节点将具有永久优势,这势必会导致网络的集中化。在目前的数字加密货币中,已经设计了多种不同的权益证明体系,如点点币(Peercoin)和黑币(Blackcoin)以及目前以太坊主链,采用的都是不同的权益证明机制。

3.3.3　委托权益证明

委托权益证明(Delegated Proof of Stake,DPoS)共识算法由 Daniel Larimer 在 2014 年提出。例如,Bitshares、Steem、Ark 和 Lisk 都是使用委托权益证明共识算法的数字货币项目。委托权益证明区块链具有投票系统,利益相关者将他们的工作交付给第三方。换句话说,他们可以投票选出几个代表代替他们保护网络。代表们也被称为见证人,他们需要在产生和验证新区块的过程中达成共识。投票权与每个用户持有的币数量成正比。投票系统因项目而异,但总的来说,每位代表在投票时都会提出个人意见。通常,代表们会收集奖励并按比例分配给各自的投票者们。

因此,委托权益证明算法创造了一个直接取决于代表声誉的投票系统。如果选举的节点行为不当或不能有效工作,它将很快被驱逐并被另一个节点取代。

在性能方面,与工作量证明和权益证明相比,委托权益证明的区块链更具有可扩展性,每秒的事务处理(Transaction Per Second,TPS)更多。与权益证明相比,虽然委托权益证明在股份制的意义上是类似的,但委托权益证明提出了一种新颖的民主投票系统来选出区块生产者。委托权益证明的系统由选民维护,所以代表们的行为必须诚实且高效,否则便会被投票出局。此外,委托权益证明区块链在每秒事务处理方面比权益证明区块链更快。与工作量证明相比,不同于试图解决工作量证明问题的权益证明,委托权益证明旨在简化区块生成过程。因此,委托权益证明系统能够快速处理大量的链上交易。委托权益证明的使用方式与工作量证明、权益证明都不同。由于工作量证明仍然是公认的最安全的共识算法,所以大多数金融流动都发生于此。权益证明比工作量证明的工作效率更高,所以它具有更多的运用案例。委托权益证明限制了选举区块生产者的过程中股权的使用。与有着竞争体系的工作量证明系统不同,委托权益证明的实际区块生成是预定的,每个见证人都会轮流生产区块。因此,有人认为,委托权益证明应被视为一种权威证明系统。

3.3.4　Paxos 与 Raft 算法

1988 年，Brian M. Oki 和 Barbara H. Liskov 在论文 *Viewstamped Replication：A New Primary Copy Method to Support Highly-Available Distributed Systems* 中首次提出了解决 Paxos 问题的算法。论文中为了描述问题编造了一个虚构故事：在古代爱琴海的 Paxos 岛，议员们通过信使传递消息来对议案进行表决。但议员可能离开，信使可能走丢，甚至重复传递消息。1990 年，Leslie Lamport 在论文 *The Part-time Parliament* 中提出了 Paxos 共识算法，从工程角度实现了一种能够最大限度地保障分布式系统一致性（存在无法实现一致的极小概率）的机制。Paxos 算法在本质上与前者相同，广泛应用在 Chubby、ZooKeeper 这类分布式系统中。Leslie Lamport 作为分布式系统领域的早期研究者，凭借相关杰出贡献获得了 2013 年度图灵奖。

Paxos 是首个得到证明并被广泛应用的共识算法，其原理类似两阶段提交算法，并进行了泛化和扩展，通过消息传递来逐步消除系统中的不确定状态。作为后来很多共识算法（如 Raft、ZAB 等）的基础，Paxos 算法的基本思想并不复杂，但最初论文中描述的比较难懂，甚至发表时也几经波折。2001 年，Leslie Lamport 还专门发表论文 *Paxos Made Simple* 进行重新解释。

Paxos 将系统中的角色分为提议者（Proposer）、决策者（Acceptor）和最终决策学习者（Learner）。

（1）Proposer：提出提案（Proposal）。Proposal 信息包括提案编号（Proposal ID）和提议的值（Value）。

（2）Acceptor：参与决策，回应 Proposers 的提案。收到 Proposal 后可以接受提案，若 Proposal 获得多数 Acceptor 的接受，则称该 Proposal 被批准。

（3）Learner：不参与决策，从 Proposer/Acceptor 学习最新达成一致的提案（Proposal）。

算法需要满足安全性（Safety）和存活性（Liveness）这两方面的约束要求。

如图 3.1 所示，Paxos 算法通过一个决议的过程可以分为 3 个阶段（前 2 个阶段在 Learn 阶段之前决议已经形成）：

（1）第一阶段：Prepare 阶段。Proposer 向 Acceptors 发出 Prepare 请求，Acceptors 针对收到的 Prepare 请求进行 Promise（承诺）。

（2）第二阶段：Accept 阶段。Proposer 收到多数 Acceptors 承诺的 Promise 后，向 Acceptors 发出 Propose 请求，Acceptors 针对收到的 Propose 请求进行 Accept 处理。

（3）第三阶段：Learn 阶段。Proposer 在收到多数 Acceptors 的 Accept 之后，标志着本次 Accept 成功，决议形成，将形成的决议发送给所有 Learners。

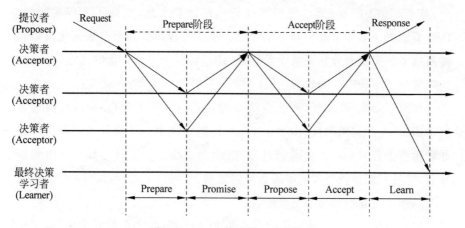

图 3.1　Paxos 算法通过决议流程

Paxos 并不保证系统总处在一致的状态。但由于每次达成共识时至少有超过一半的节点参与，这样最终整个系统都会获知共识结果。一个潜在的问题是提案者可能会在提案过程中出现故障，这可以通过超时机制来缓解。若在极为凑巧的情况下，每次新一轮提案的提案者都恰好故障，又或者两个提案者恰好依次提出更新的提案，则导致活锁，系统将永远无法达成共识（实际发生概率很小）。

Paxos 能保证在超过一半的节点正常工作时，系统总能以较大概率达成共识。读者可以试着自己设计一套非拜占庭容错下基于消息传递的异步共识方案，会发现：在满足各种约束的情况下，算法过程总会十分类似于

Paxos 的过程。这也是为何 Google Chubby 的作者 Mike Burrows 说："这个世界上只有一种一致性算法，那就是 Paxos(There is only one consensus protocol, and that's Paxos)"。

Paxos 算法虽然给出了共识设计，但并没有讨论太多实现细节，也并不重视工程上的优化，因此后来在学术界和工程界作了一些改进工作，包括 Fast Paxos、Multi-Paxos、Zookeeper Atomic Broadcast(ZAB)和 Raft 等。这些算法重点在于改进执行效率和提高可实现性。

其中，Raft 算法由斯坦福大学的 Diego Ongaro 和 John Ousterhout 于 2014 年在论文 *In Search of an Understandable Consensus Algorithm* 中提出，基于 Multi-Paxos 算法进行重新简化设计和实现，提高了工程实践性。Raft 算法的主要设计思想与 ZAB 类似，通过先选出领导节点来简化流程和提高效率。实现上分解了领导者选举、日志复制和安全方面的考虑，并通过约束减少了不确定性的状态空间。

如图 3.2 所示，Raft 算法包括 3 种角色——领导者(Leader)、候选者(Candidate)和跟随者(Follower)，每个任期内选举一个全局的领导者。领导者角色十分关键——决定了日志(Log)的提交。每个日志都会路由到领导者，并且只能由领导者向跟随者单向复制。

典型的过程包括两个主要阶段。

（1）领导者选举：开始所有节点都是跟随者，在随机超时发生后，如果未收到来自领导者或候选者消息，则转变角色为候选者(中间状态)，提出选举请求。最近选举阶段(Term)中得票超过一半者被选为领导者；如果未选出，随机超时后进入新的阶段重试。领导者负责从客户端接收请求，并分发到其他节点。

（2）同步日志：领导者会决定系统中最新的日志记录，并强制所有跟随者来刷新到这个纪录，数据的同步是单向的，确保所有节点看到的视图一致。

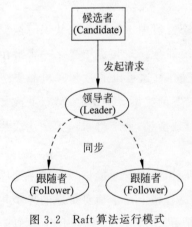

图 3.2　Raft 算法运行模式

此外,领导者会定期向所有跟随者发送心跳消息(Heartbeat Message),跟随者如果发现心跳消息超时未收到,则认为领导者已经下线,尝试发起新的选举过程。

3.4 其他新型共识算法

3.4.1 其他竞争类共识算法

1. 所用时间证明(Proof of Elapsed Time,PoET)共识算法

PoET 的工作机制如下:网络中的每个参与节点都必须等待一个随机选取的时期,首个完成设定等待时间的节点将获得一个新区块。区块链网络中的每个节点会生成一个随机的等待时间,并休眠一个设定的时间。最先醒来的节点,即具有最短等待时间的节点,唤醒并向区块链提交一个新区块,然后把必要的信息广播到整个对等网络中。同一过程将会重复,以发现下一个区块。

在 PoET 网络共识机制中,需要确保两个重要因素。第一,参与节点在本质上会自然地选取一个随机的时间,而非某一个参与者为了胜出而刻意选取的较短的时间。第二,胜出者的确完成了等待时间。

这种内在机制允许应用在受保护的环境中执行受信任的代码,它确保了上面提出的两个要求得到满足,即随机选择所有参与节点的等待时间,以及胜出参与者真正完成了等待时间。这种在安全环境中运行可信代码的机制也同时考虑到了其他一些网络的需求。它确保了受信代码运行在安全环境中,并不可被其他外部参与者更改。它也确保了结果可被外部参与者和实体验证,进而提高了网络共识的透明度。

PoET 通过控制代价实现了共识过程,该代价依然是与从过程中获得的价值成正比。这是保证加密货币经济持续繁荣的一个关键需求。其优点为:参与代价低。更多人可轻易加入,进而达到去中心化;对于所有参与者而言,更易于验证领导者是通过合法选举产生的;控制领导者选举过程的代价,与从中获得的价值成正比。但也存在一些不足,例如,尽管 PoET 的代价低,但是必须要使用特定的硬件。因此不会被大规模采纳,且并不适用于公有区块链。

PoET 共识机制算法通常用于许可区块链网络,它可决定网络中获得区块者的挖矿权利。许可区块链网络需要任何预期参与者在加入前验证身份。根据公平彩票系统的原则,每个节点成为胜出者的可能性相同。PoET 机制赋予大量可能的网络参与者以平等胜出的机会。

2. 空间证明(Proof of Space,PoSpace)共识算法

与大多数基于计算能力或质押代币授予记账权的区块链系统不同,空间证明(PoSpace),也称为容量证明(Proof of Capacity,PoC),其共识算法基于节点硬盘驱动器中的可用空间量。

在 PoSpace 中,矿工在称为"绘图"的过程中预先生成所有可能的哈希列表,然后将这些图存储在硬盘驱动器上。矿工拥有的存储容量越大,可能的解决方案就越多。解决方案越多,拥有正确的哈希组合并赢得奖励的机会就越高。

由于不需要昂贵或专门的设备,PoSpace 为普通人提供了参与网络的机会。因此,它是一种能耗更低、更分散的替代方案。然而,到目前为止,选择采用该系统的开发人员并不多,而且人们担心它容易受到恶意软件攻击。该机制目前由 Signum(SIGNA)(以前的 Burstcoin(BURST)、Storj(STORJ)和 Chia(XCH)等)使用。

PoSpace 共识算法使用存储空间代替计算,以节约电力资源;同时,在该共识协议下,节点初次接入网络时确定存储空间大小,之后不能扩容,这防止了 PoW 共识算法中"矿池"(将不同节点的算力集合成一个大的算力节点)的出现,在一定程度上避免了中心化程度增强,同时降低了安全风险。

3.4.2 其他选举类共识算法

授权拜占庭容错(delegated Byzantine Fault Tolerance,dBFT)算法根据权益选出记账人,然后记账人之间通过拜占庭容错算法来达成共识。该算

法由小蚁(NEO)团队提出,与 PBFT 相比,白皮书中说明的改进包括:

(1) 将 C/S 架构的请求响应模式,改进为适合 P2P 网络的对等节点模式;

(2) 将静态的共识参与节点改进为可动态进入、退出的动态共识参与节点;

(3) 为共识参与节点的产生设计了一套基于持有权益比例的投票机制,通过投票决定共识参与节点(记账节点);

(4) 在区块链中引入数字证书,解决了投票中对记账节点真实身份的认证问题。

该机制将网络的参与者分为两类:专业记账的记账节点和普通用户。普通用户基于持有权益的比例进行投票,选择记账节点,当需要通过一项共识时,在记账节点中选定一个发言人进行方案的拟定,其他记账节点根据拜占庭容错算法进行表态,如果存在超过指定比例的节点同意该方案,则方案达成,否则重新选择发言人,进行方案的拟定。

这种方法的优点是有专业化的记账人;能够容忍任何类型的错误;记账由多人协同完成;每一个区块都有最终性,不会分叉;算法的可靠性有严格的数学证明。但白皮书中也坦言了现有算法的缺陷:当有 1/3 或以上记账人停止工作时,系统将无法提供服务;当有 1/3 或以上的记账人联合作恶,且其他所有记账人被恰好分割为两个网络孤岛时,恶意记账人可以使系统出现分叉,但是会留下密码学证据。综上来说,dBFT 机制最核心的一点就是,最大限度地确保系统的最终性,使区块链能够适用于真正的金融应用场景。

这符合 NEO 团队的定位:用户可以将实体世界的资产和权益进行数字化,通过点对点网络实现登记发行、转让交易、清算交割等金融业务的去中心化。目标市场不仅是数字货币圈,还包括主流互联网金融。NEO 可以被用于股权众筹、P2P 网贷、数字资产管理、智能合约等。

3.4.3 基于 DAG 共识算法

DAG(Directed Acyclic Graph,有向无环图)原本是计算机领域一种常用数据结构,因为独特的拓扑结构所带来的优异特性,经常被用于处理动态规划、导航中寻求最短路径、数据压缩等多种算法场景。传统区块链和 DAG 的主要区别如下。

(1)单元:区块链的组成单元是 Block(区块),DAG 的组成单元是 TX(交易)。

(2)拓扑:区块链是由 Block 区块组成的单链,只能按出块时间同步依次写入,这种操作类似于单核单线程 CPU;DAG 是由交易单元组成的网络,可以异步并发写入交易,这种操作类似于多核多线程 CPU。

(3)粒度:区块链每个区块单元记录多个用户的多笔交易,DAG 每个单元记录单个用户的交易。

最早在区块链中引入 DAG 概念作为共识算法的是在 2013 年,在网络 bitcointalik.org 上,由 ID 为 avivz78 的以色列希伯来大学学者提出 GHOST 协议作为比特币的交易处理能力扩容解决方案。而 Vitalik 在以太坊紫皮书中描述的 POS 共识协议 Casper,也是基于 GHOST POW 协议的 POS 变种。后来,NXT 社区有人提出用 DAG 的拓扑结构来存储区块,以解决区块链的效率问题。区块链只有一条单链,若打包出块将无法并发执行。如果改变区块的链式存储结构,变成 DAG 的网状拓扑,则可以并发写入。在区块打包时间不变的情况下,网络中可以并行打包 N 个区块,网络中的交易就可以扩大成 N 倍。此时,DAG 跟区块链的结合依旧停留在类似侧链的解决思路,交易打包可以并行在不同的分支链条进行,达到提升性能的目的。此时 DAG 还是有区块的概念。

2015 年 9 月,Sergio Demian Lerner 发表了 *DagCoin:a cryptocurrency without blocks* 一文,提出 DAG-Chain 的概念,首次把 DAG 网络从区块打包这样粗粒度提升到了基于交易层面,但这一篇论文没有代码实现,其思路是让每一笔交易都直接参与维护全网的交易顺序。交易发起后,直接广播全网,跳过打包区块阶段,达到所谓的 Blockless。这样省去了打包交易出块的时间。如前文提到的,DAG 最初跟区块链的结合就是为了解决效率问题,现在不用打包确认,交易发起后直接广播网络确认,使效率得到了质的飞跃。DAG 进一步演变成了完全抛弃区块链的一种解决方案。

　　2016 年 7 月，基于 Bitcointalk 论坛公布的创世帖，IOTA 横空出世，随后 ByteBall 也闪亮登场，IOTA 和 Byteball 是 DAG 网络第一次从技术上得到实现；此时，号称无块之链（Block Less）、独树一帜的 DAG 链家族的雏形基本形成。

　　可以说，DAG 是面向未来的新一代区块链，宏观地从图论拓扑模型来看，从单链进化到树状和网状、从区块粒度细化到交易粒度、从单点跃迁到并发写入；这是区块链从容量到速度的一次革新。如图 3.3 所示，现有基于 DAG 的共识机制分为基于主干链、基于平行链和基于朴素 DAG 的共识协议。区别在于基于主干链的 DAG 共识协议，首先在 DAG 中确定主链，进而确定交易顺序，基于平行链的 DAG 共识协议，网络中各实体或实体集合分别维护一条链，链间通过相互引用构成平行链结构，实体间利用此引用关系进行共识，基于朴素 DAG 的共识协议，除基本引用规则外无特殊限制，在DAG 拓扑结构中利用某种投票机制进行共识。

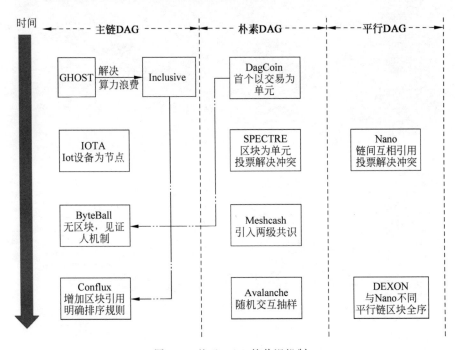

图 3.3　基于 DAG 的共识机制

本章小结

本章主要介绍了区块链的共识机制与相关算法。首先对区块链技术中常见的一致性问题与拜占庭将军算法问题进行了阐述，并引出目前各种类型的共识机制与代表算法；然后对工作量证明、权益证明、委托权益证明三种算法进行介绍，并引入 Paxos 与 Raft 算法框架与算法原理；同时，本章还对其他新型的竞争类、选举类共识算法进行了介绍，包括基于 DAG 的共识算法的原理与演进。

第4章

智能合约

　　"智能合约"一词最早是在20世纪90年代中期由计算机科学家和密码学家尼克·萨博(Nick Szabo)创造,尼克·萨博将智能合约类比为自动售货机:机器接受硬币,并通过简单的机制,根据显示的价格分配零钱和产品。而智能合约超越了自动售货机,提出通过数字手段,将合约嵌入各种属性。尼克·萨博还预计,通过清晰的逻辑、验证和加密协议的执行,智能合约的功能可能比纸质合约要强大得多。现如今智能合约是一个程序,像其他交易一样存储在区块链上,并自动执行其条款,而无须第三方信任机构。这使得区块链的应用发生了重大变化,并为区块链创造了一个新时代。利用智能合约能够在加密货币应用以外的多个领域中使用区块链,智能合约已成为区块链的核心技术之一。

4.1　智能合约发展历史

　　尼克·萨博于1994年将智能合约定义为"一组以数字形式指定的承诺,包括各方履行这些承诺的协议"。然而,智能合约的想法在区块链技术出现后才焕发新生。自2008年以来,区块链技术通过比特币加密货币出现在大众眼前,人们逐渐发现区块链技术和智能合约之间有着某种契合:智能合约作为区块链的可编程工具将节点的复杂行为封装在区块链系统中;区块链则作为智能合约的实施平台,这个平台是去中心化的、可信任的。于是智能合约在区块链平台集成的重要性成为研究开发的一个重点领域,因为它不仅提供了对等交易,而且数据库可以在可信赖的环境中以安全的方式公开维护。

由于比特币脚本语言的限制,早期区块链1.0中的智能合约无法编写具有复杂逻辑的合约(比特币脚本语言只有256条指令,其中当前禁用了15条指令)。现如今新兴的区块链平台(例如以太坊、超级账本)包含了在区块链上运行用户定义的程序的想法,借助图灵完备语言创建了富有表现力的定制智能合约。以太坊智能合约以基于堆栈的字节码语言编写,并在以太坊虚拟机(Ethereum Virtual Machine,EVM)中执行。可以使用 Solidity 和 Serpent 等几种高级语言来编写以太坊智能合约,然后将编写完成的智能合约在以太坊虚拟机中运行。超级账本是由 Linux 基金会的区块链框架实现的,利用(Docker)容器技术来托管称为"链码"的智能合约,该合约构成了系统的应用程序逻辑。链码是与区块链交互的唯一渠道,也是生成交易的唯一来源。超级账本使用 Go 语言和 Java 语言等开发智能合约,在其中部署智能合约的过程,其实质是在链码接口中实现 Init、Invoke 和 Query 这三个功能,分别用于实现合约部署、事务处理和事务查询。

4.2　智能合约运行机制

工信部发布的《2018 年中国区块链产业白皮书》认为:"智能合约是由事件驱动的、具有状态的、获得多方承认的、运行在区块链之上的且能够根据预设条件自动处理资产的程序,智能合约最大的优势是利用程序算法替代人为仲裁和执行合同。"换句话说,智能合约是部署在区块链上的、分散的、可信的共享代码。签署合同的各方应就合同细节、违约条件、违约责任和外部验证数据源达成一致,然后以智能合约的形式将其部署在区块链上,等待条件达成,自动执行合同。整个过程独立于任何第三方。

4.2.1　智能合约的构建

从智能合约的生命周期来看,智能合约的构建过程(见图4.1)主要包括两方面。

图 4.1　智能合约构建过程

(1) 合约多方协商。

参与构建合约的各方首先就法律条文、商业逻辑和意向协定等内容进行协商,此时拟定的智能合约类似于传统合约,参与的各方无须具有专门的技术背景,只需根据法学、商学、经济学知识对合约内容进行谈判与博弈,探讨合约的法律效力和经济效益等合约属性。

(2) 合约程序化。

合约各方确定好智能合约的文本内容,由从事计算机业务的人员利用算法设计、程序开发等软件工程技术将以自然语言描述的合约内容电子化,形成区块链上可运行的"If-Then"或"What-If"式代码,并按照平台特性和合约各方的意愿对必要的智能合约与用户之间、智能合约与智能合约之间的访问权限与通信方式等进行补充。

4.2.2　智能合约的部署

智能合约在区块链上的部署,主要是通过 P2P 网络进行的。合约发布与交易发布类似,由于参与构建智能合约的用户在注册成为区块链用户时获得了一对公钥和私钥,合约内容被编码成代码时,参与的各方会用各自的私钥进行签名,签名后的合约通过 P2P 的方式在区块链中扩散,分发至每一个节点,每个节点会将收到的合约先保存到内存中,等待新一轮的共识时间到来,触发共识进行处理。

实现共识的过程如下:每个节点会将最近一段时间内保存的所有合约打包成一个合约集合,并计算出该合约集合的 Hash 值,最后将这个合约集合的 Hash 值组装成一个区块结构,并扩散至全网的其他验证节点;这些验证节点会将区块结构中的 Hash 值提取出来,与自己保存的合约集合中的 Hash 值进行比较;通过多轮发送和比较,所有验证节点最终在一定时间内对新发布的合约集合达成共识。最新达成共识的合约集合将以区块的形式扩散至全网,其中每个区块包含以下信息:当前区块的 Hash 值、前一区块的 Hash 值、达成共识时的时间戳、合约数据以及其他描述信息。至此,智能合约已经部署到区块链的所有节点中。智能合约区块示意图如图 4.2 所示。

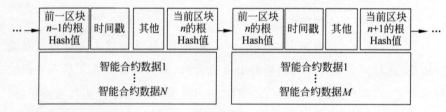

图 4.2 智能合约区块示意图

4.2.3 智能合约的运行

基于区块链的智能合约都包含事务处理和保存机制以及一个完备的状态机,用于接受和处理各种智能合约。智能合约会定期检查自动机状态,逐条遍历每个合约的状态机、事务和触发条件,将满足触发条件的合约推送至待验证队列,等待新一轮共识时间进行验证,而无满足触发条件的合约则继续存放在区块链中。

进入验证队列中的合约会通过 P2P 网络扩散至区块链中每一个验证节点,与普通区块链交易或事务一样,节点会首先进行签名验证,即验证合约参与者的私钥签名是否与账户匹配,以确保合约的有效性,验证通过的合约会进入待共识的合约集合,等大多数节点达成共识后便会成功执行。合约执行成功后,智能合约自带的状态机会判断所属合约的状态,当合约包括的所有事务都顺序执行完后,状态机会将合约的状态标记为完成,并从最新的区块中移除该合约。反之将标记为进行中,继续保存在最新的区块中,等待下一轮处理,直到处理完毕。整个事务和状态的处理都由区块链底层内置的智能合约系统自动完成,全程透明、不可篡改。智能合约执行过程如图 4.3 所示。

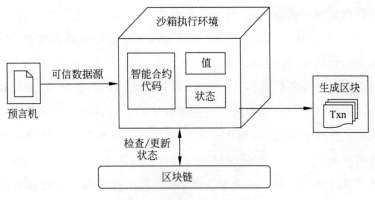

图 4.3 智能合约执行过程

由上述运行机制可知,为保证智能合约的安全,智能合约一般运行在封闭的、具有确定性的沙箱环境(如以太坊的 EVM 及超级账本的容器等),除链上的交易数据外,智能合约无法获取区块链以外的数据,外部 API 提供的数据和任何其他链下资源都无法获取。而预言机则为区块链提供可信外部数据源,供合约查询外部世界的状态。除了提供数据,预言机广义上的功能也包括提供随机数和作为触发器实现智能合约执行,作为链下的工具和链上的合约进行交互。

4.3 智能合约应用案例

智能合约具有去中心化、确定性、实时性、可验证等特点,在各个领域中有着广阔的应用前景。当前智能合约的应用如雨后春笋般涌现,本节将以物联网、金融、医疗为例,介绍智能合约的应用场景。

4.3.1　智能合约在物联网中的应用

IoT(物联网)是相互连接的物理设备,是可供如车辆、家用电器或其他可通过 Internet 访问的物品相连的生态系统,被认为广泛应用于智能电网、智能家居、智能交通系统、智能制造等领域。传统的集中式互联网系统难以满足物联网的发展需求,例如敏感信息的安全性和多设备之间的可信交互。因此,物联网和区块链的结合成为一种必然趋势,智能合约将有助于实现复杂工作流的自动化、促进资源共享、节约成本、确保安全和效率。

随着物联网设备数量的大幅增长,数据隐私问题日益严重,物联网设备产生的数据的隐私和安全性已经成为该领域的主要挑战。许多研究人员对区块链技术进行了研究,以解决这些问题。有研究员引入区块链作为物联网系统的服务,讨论了区块链和智能合约可以应用于物联网设备的配置、记录从传感器捕获的数据以及小额支付,研究集中在使用区块链和智能合约来控制对物联网设备生成的数据的访问以及解决隐私问题。此外,其他一些研究调查了配置、注册、资源管理和能源交易。

ShipChain 是国外较早开发的面向物流业的区块链平台。它通过区块链数据透明的特点,让用户实时追踪货物信息,而数据都是存储在分布式网络中,能最大限度地保护数据的安全。ShipChain 是一个完全集成的区块链系统,为端到端的运输过程提供服务。从货物离开工厂的那一刻到达目的地,物流生态系统安全地跟踪和记录着其创建透明分类账本的一举一动。

4.3.2　智能合约在金融中的应用

智能合约提高了金融交易参与者之间的可见性和信任度,同时,通过自动执行的代码在交易和管理上简化了流程,实现可编程货币和可编程金融体系,极大地节省了成本。智能合约特别适用于股权众筹、网络借贷(P2P借贷)和网络保险等商业模式。因为传统的金融贸易需要由中央清算机构或交易所等中央机构协调,而智能合约的敏捷性特性可以大大降低交易成本,提高效率,从而避免烦琐的清算和交割。

基于这些技术优势,由高盛、摩根大通等财团组成的 R3 区块链联盟率先尝试将智能合约应用于资产清算领域,利用智能合约在区块链平台 Corda 上进行点对点清算,以解决传统清算方式效率低下的问题。目前,已有超过 200 家银行、金融机构、监管机构和行业协会参与了 Corda 上的清算结算测试。

Ripple 网络是一种全球化的银行交易解决方案,让用户从 Ripple 网络中进行交易。最初它由加拿大开发者 Ryan Fugger 在 2004 年设计,后来经过 OpenCoin 公司等多轮迭代升级后,成为现今银行贸易的基础设施框架。2017 年由 47 家银行组成的联盟已完成了一个 Ripple 分布式账本技术试验,使用户能够通过其网络发送实时国际支付,满足快速、低成本、按需响应的全球化的综合支付需求。Ripple 同时擅长跨境支付,建立了一个由金融机构、做市商(Market Maker)和消费者组成的全球网络,这个网络可以在全球任何地方做任何类型的即时交易。

4.3.3 智能合约在医疗中的应用

当前的医疗保健系统存在各种痛点,例如数据分散、访问困难、数据一致性、互操作性和隐私问题。通常,大多数研究旨在通过提出架构设计,或实现基于区块链和智能合约的系统来解决这些问题。这些研究的重点是使用不同的可用区块链平台(例如以太坊和超级账本)管理用户身份,访问控制和共享医疗数据。

在医疗数据方面,区块链在电子病历数据流通共享领域的应用已经取得了重要进展,美国国家卫生信息技术协调办公室主导建立了基于区块链的电子病历库(Electronic Medical Record,EMR),每个区块记录患者的唯一身份识别信息、经过加密的病历以及病历的时间戳。另外,BitHealth 公司也运用区块链技术来存储医疗健康数据,并保障数据隐私和数据安全。

国内医疗中,阿里健康平台与常州市合作的"医联体＋区块链"试点项目于 2017 年 8 月展开,该项目旨在利用区块链技术实现当地部分医疗机构之间安全、可控的数据互联互通,解决医疗机构的"信息孤岛"和数据安全问题。居民就近在卫生院体检,通过区块链上的体检报告分析,筛查出高危患者,需转诊患者可以由社区医生通过区块链实现将病历向上级医院授权和流转,而上级医院的医生在被授权后,可迅速了解病人的过往病史和体检信息,病人也不需要重复做不必要的二次基础检查。

4.4　智能合约应用中面临的挑战

尽管智能合约具有表现力,但它还存在提出时间短、概念抽象、理论相对不完善等问题,导致在很多方面都存在争议,面临许多技术挑战,其中最严峻的问题是安全问题。除此之外,智能合约还存在缺乏可信数据源、隐私问题、性能问题和法律问题等其他挑战,倘若这些问题得不到妥善的解决,必然会在未来制约智能合约的进一步发展。

4.4.1　安全问题

智能合约可以处理大量资金、数字资产或数据。考虑到智能合约的安全方面是非常重要的,因为即使是一个微小的错误也会导致重大问题,如大量的金钱损失或隐私泄露。例如,以太坊著名的众筹智能合约 DAO(Decentralized Autonomous Organization,去中心化自治组织),因为其代码中的 bug 而在 2016 年 6 月遭到攻击,并导致 6000 万美元的损失。编写安全且无错误的智能合约是一项艰巨的任务。

智能合约存在如下典型的安全问题。

(1) 时间戳依赖性:此问题与智能合约有关。智能合约包括由块时间戳触发的条件。块时间戳由矿工根据其本地系统时间设置,因此可以由对手操纵。作者建议使用块索引而不是块时间戳,因为它是增量的,并且可以保护它们免受操纵。

(2) 可重入漏洞:当一个合约调用另一个合约时,当前的合约执行将等待被调用的合约完成。这为对手提供了利用呼叫者合约的中介状态,并多次调用其方法的机会。

(3) 事务排序依赖:在以太坊区块链中,交易执行的顺序取决于矿工,客户对他们没有任何控制权。当存在多个由同一合约调用的交易,并且这些交易的顺序会影响区块链的新状态时,就会发生此问题。

4.4.2　性能问题

相比于传统合约,智能合约通过计算机代码很好地避免了在执行过程中对合约内容理解的分歧,以及可能造成的纠纷。对于智能合约,达成预设条件则立即执行生效,因此具有更高效的优势。但是随着区块链的发展,智能合约的性能问题也在逐渐显现。

(1)合约机制问题。由于智能合约是人为编写的,所以会存在待优化的合约机制设计和待优化的智能合约,这将增加合约执行成本,降低合约执行效率。

(2)区块链的性能限制。区块链本身存在吞吐量低、交易延迟、能耗过高、容量和带宽限制等性能问题,因此部署到区块链上的智能合约的性能也受到了一定程度的限制。例如,把合约状态的一致性过程与区块链的一致性过程结合起来,有可能会增加区块的生成时间,导致合约执行效率的降低。另外,区块链一直记录着智能合约整个生命周期中所有节点的状态,并且每个节点都有一个数据备份,日益增长的数据使得存储和同步都极为困难,现如今区块链即使扩容了也无法承载复杂的智能合约应用,更不用说未来智能合约的复杂程度以及数量会远超现在。

4.4.3　法律问题

智能合约在法律方面的争议一直很强烈,因为智能合约只是一种计算机代码,根据预设条件自动执行指令。根据现有的法律,智能合约无法代表有效的法律合约,就会与传统的合约规范发生冲突。例如,欧洲的数据隐私法规定,公民拥有"被遗忘的权利",即用户必须能有效地控制他们的网络信息,并且能随时更正、撤销或删除它们,这就导致智能合约的应用受限。

智能合约存在以下典型的法律问题。

(1)法律效力问题。由于区块链的去中心化和匿名化,制定合约的各方隐藏其真实身份,在区块链上的智能合约中进行交易。但对于某些特定合约,签订智能合约时,当事人必须亲自到相关行政部门办理相关手续并书面签名,智能合约才能发生法律效力。

(2)追责问题。由于智能合约的不可篡改性,如果存在漏洞,被恶意的第三方攻击,将造成合约缔结多方的损失,从法律上可以向第三方主张赔偿,但由于区块链的匿名化,很难找到恶意第三方,赔偿责任极难得到保障。

本章小结

本章首先介绍了智能合约的发展历史,这个想法在二十多年前仍然只是一个理论概念,如今通过推进区块链技术的发展,智能合约逐步兴起。智能合约的整个生命周期由合约构建、合约部署、合约执行三个环节构成,首先由契约参与者各方协商好合约内容,然后转换成一种计算机代码,通过P2P网络部署到区块链中,之后按照条件自动执行。接着介绍了智能合约现今的一些应用,如金融、物联网、医疗等。最后简要介绍了智能合约存在的挑战和困难。

第5章

区块链平台

随着区块链技术成为计算机科学中发展最迅速的领域之一,区块链平台的发展与更迭也在迅猛地进行着。本章通过介绍区块链平台的特点,以及评估不同区块链系统的性能指标,引出国内外知名区块链平台的具体介绍。然后介绍包括以太坊、EOS 在内的公有链平台,以及国内外的联盟链平台,包括超级账本和中国信息通信研究院牵头研发的"星火·链网"平台。

5.1 区块链平台的特点与性能指标

1. 区块链平台的特点

(1) 去中心化:区块链平台采用分布式核算和存储,不存在中心化的硬件或者管理机构,任意节点的权利和义务都是均等的,系统中的数据由整个系统中具有维护功能的节点来共同维护。

(2) 开放性:区块链系统是开放的,除交易各方的实有信息加密外,区块链数据对所有人公开,任何人都能通过公开的接口对区块链数据进行查询,并开发相应的应用,整个系统信息高度透明。

(3) 自治性:区块链平台的自治性建立在规范和协议的基础上。区块链采用协商一致的规范和协议(如公开透明的算法),系统中所有节点都能在去信任的环境中自由、安全地交换数据,让对人的信任转变为对机器的信任,任何人为的干预都无法发挥作用。

（4）信息不可篡改：一旦信息经过验证并添加到区块链,就会被永久存储起来,除非同时控制系统中超过51％的节点,单个节点对数据的修改是无效的。基于这点,区块链数据的稳定性和安全性非常高,区块链技术从根本上改变了中心化的信用创建方式,通过数学原理而非中心化信用机构来低成本地建立信用。

（5）匿名性：节点之间的交换遵循固定算法,其数据交互是无须信任的,交易对象不用通过公开身份的方式让对方对自己产生信任,这有利于信用的积累。

2. 区块链平台的性能指标

（1）可扩展性：可扩展性意味着在相同的硬件上有更多的交易,其核心是系统为每个用户提供丰富体验的能力,而这种能力无须考虑在任何给定时间的用户总数如何。可扩展性是最基本意义上的系统增长能力的度量。例如,比特币的可扩展性是指区块链可以扩展,以容纳更多用户的程度。随着用户的增多,会有更多的操作和交易"竞争"到区块链中。

（2）延迟：延迟用来衡量单个交易过程中的速度或效率,它会随着时间或系统需求等变化而产生不同的分布。区块链延迟的影响因素比较复杂,包括区块链对交易的批处理机制,这导致一些交易需要等待,使批处理的交易名额被填满。另外,交易过程中不可预测的拥塞也会引发延迟；区块链共识层之间的差异也会引发交易的延迟。

（3）吞吐量：吞吐量类似于一台计算机的 CPU 处理速度,决定了区块链每秒可以处理多少个交易,即 TPS(Transaction Per Second)。例如,比特币每秒可以处理 7 笔,以太坊是 30～40 笔,而 EOS 能够实现每秒百万级的处理量。

5.2 公有链平台

按照节点参与方式的不同,区块链技术可以分为公有链、联盟链和私有链。公有链是全公开的,所有人都可以作为网络中的一个节点,而不需要任何人给予权限或授权。在公有链中，每个节点都可以自由加入或退出网络，参与链上数据的读写、执行交易，还可以参与网络中共识达成的过程，即决定哪个区块可以添加到主链上，并记录当前的网络状态。公有链是完全意义上的去中心化区块链，它借助密码学中的加密算法保证链上交易的安全。

公有链属于一种非许可链，不需要许可就可以自由参加与退出。当前最典型的代表应用有比特币、以太坊、EOS 等。因其完全去中心化和面向大众的特性，公有链通常适用于"虚拟加密货币"、一些面向大众的金融服务以及电子商务等。

5.2.1　以太坊简介

以太坊是基于分布式网络的去中心化账本，其概念首次在 2013—2014 年由 Vitalik Buterin 受比特币启发后提出，大意为"下一代加密货币与去中心化应用平台"，在 2014 年通过 ICO 众筹，并得以发展。

与比特币相比，以太坊使用了不同的加密货币，并且增强了脚本的功能，能够实现图灵完备的智能合约，可以更便捷地实现除了虚拟货币外的其他应用，使得以太坊具备更高的商用价值。

以太坊庞大的社区目前仍然在不断增长，越来越多的用户正在参与到以太坊的建设中来，为以太坊的发展做出不可或缺的贡献，这也是以太币价值居高不下的重要原因之一。以太坊整合了基于脚本、竞争币和链上元协议概念，使得开发者能够创建任意基于共识的、可扩展的、特性完备的、标准化并易于开发的和协同的应用，其基础框架分为六层，自上而下分别为数据层、网络层、共识层、激励层、合约层和应用层。一个完整的以太坊区块链系统包含了如 P2P 网络协议、使用 LevelDB 的区块存储、椭圆曲线数字签名算法等很多技术，各技术间相互独立又环环相扣，支撑着区块链系统进行交易并执行智能合约，完成节点赋予其的使命。

基于以太坊的应用有很多，比较成熟的包括支付系统、黄金投资、众筹、公司财务、去中心化加密货币交易所、物联网等，正在开发的应用包括市场预测、网页托管、社交网络、能源转移、婚姻契约/遗嘱、供应链管理、金融市场等。

5.2.2　EOS 简介

商用操作系统(Enterprise Operation System,EOS)是商用分布式应用设计的一款区块链操作系统,由区块链天才 Daniel Larimer 领导开发,旨在实现分布式应用的性能扩展。也就是说,通过 EOS,用户可以快速开发属于自己的 DApp,相比于以太坊的智能合约,EOS 使用户更容易进行开发。

EOS 提供账户、身份验证、数据库、异步通信以及在数以百计的 CPU 或群集上的程序调度。该技术的最终形式是一个区块链体系架构,可以每秒支持数百万个交易;与以太坊和比特币等其他区块链相比,EOS 具有不同的收费机制。通常,当用户想通过区块链发送交易时,需要付费。对于EOS,交易是免费的。发送交易的唯一要求是将少量代币存入账户。网络带宽的分配与用户存款有关,如果用户将所有代币都保存在一个账户中,他将能够使用全部网络带宽。如果网络没有得到充分利用,那么参与者也能够执行比最初预期更多的交易。

同时,EOS 引入了另一种共识算法,称为 DPoS(委托权益证明)。DPoS与其他挖掘算法之间的主要区别在于,存在预定数量的矿工,也称为委托人。就 EOS 而言,有 21 个节点保护网络安全。节点通过投票任命处理交易产生的区块,每个持有代币的用户都可以投票给节点。DPoS 仍然被认为是一种无许可的共识算法,因为任何人都可以成为 21 节点之一,只需要从社区中获得足够的选票即可,任何不属于前 21 名的节点都将被列入候补名单。每个节点循环产生区块,但每轮的顺序是不一定的,而且每轮有产生新节点、淘汰老节点,但总数始终维持在 21 个,这样可以大大提高网络处理交易的速度,减少能源浪费。

EOS 通过创建一个对开发者友好的区块链底层平台,类似于区块链的操作系统,性能强大,可以支持多个应用程序同时运行,支持多种编程语言,为 DApp 的开发者提供底层模块,降低了开发门槛。EOS 通过并行链和DPoS 的方式解决了延迟和数据吞吐量的难题,其能够实现每秒百万级的处理量,相比于目前比特币和以太坊的处理速度,EOS 具有压倒性的优势。此外,基于 EOS 的去中心化应用涉及很广泛,包括电子商务、教育、交易所、金融科技、游戏、医疗健康、交通、身份认定、媒体、社交网络等领域。

5.3 联盟链平台——超级账本

联盟链是指有若干组织或机构共同参与管理的区块链,每个组织或机构控制一个或多个节点,共同记录交易数据。要想在联盟链节点上进行数据读写或者发送交易,也只有联盟内的组织机构能够做到。

国内联盟链包括长安链、国信公链、"星火·链网"、BSN 这 4 个"国家队",以及蚂蚁链、百度超级链、腾讯云区块链、京东智臻链等互联网巨头为代表的区块链应用解决方案;国际上知名的联盟链项目则有 Hyperledger、企业以太坊、Corda、Quorum 等。下面以 Hyperledger 为例展开介绍。

5.3.1 Hyperledger

Hyperledger(超级账本)是为了推进跨行业区块链技术而创建的发展最快的开源协作项目之一。它由 Linux 基金会托管,是金融、银行、物联网、供应链、制造业和技术领域的领导者。它不支持比特币或任何其他加密货币,但超级账本平台的灵感来自于区块链技术。该平台能够构建新一代的交易应用程序,在其核心建立信任、问责制和透明度,同时能将业务流程自动化和简化。因此,Linux 基金会计划借助超级账本平台,创造一个企业和公司成员会面和协调的环境,在全球范围内构建实时应用的区块链框架。现在,超级账本拥有超过 100 名成员,其中包括空客、戴姆勒、IBM、富士通、华为、诺基亚、英特尔等众多知名公司。对于其成员,Hyperledger 平台不仅提供技术和软件知识,还向公司和开发人员提供交流与联系方式。

超级账本项目本身永远不会创造自己的加密货币。超级账本的这一决定极大地助力构建区块链技术的工业应用,并将其与使用区块链时不断发展的加密货币的其他平台区分开来。

1. 超级账本交易的工作机制

在超级账本平台上,节点直接根据交易相互通信,只有这些账本才能更新关于该交易的信息。参与交易的第三方只能知道交易期间传输的交易的确切金额。假设 Alice 和 Bob 在如图 5.1 所示的超级账本平台上执行交易。然后，Alice 将通过应用程序查找 Bob，该应用程序反过来查询其成员资格。在成员资格被验证后，两个对等点被连接，并生成交易结果信息。

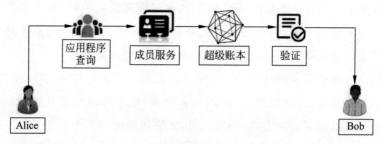

图 5.1　超级账本平台交易流程

这些生成的交易信息被发送到共识云进行验证和确认。然后，只有它们才会被记入各自的账本。该平台的对等节点分为两个独立的运行时，以及三个不同的角色，如下所述。

（1）记账节点：这些对等节点仅对经过验证的交易进行更新，并写入从区块链网络上共识返回的各自的账本中。

（2）背书节点：这些对等节点用于防止在特定网络上模拟的不确定和不可靠的交易。所有背书节点都充当记账节点，而记账节点不一定充当背书节点，这取决于网络限制。

（3）排序节点：这些对等节点用于负责在网络上运行共识机制，它们在不同的运行时运行。与在相同运行时运行的背书节点和记账节点不同，排序节点还用于验证交易并决定将交易提交到哪个账本。

2. 超级账本项目

有几个超级账本项目促进了商用区块链技术、框架、库、接口和应用程序的发展，目前基于超级账本的项目如下。

（1）Hyperledger Sawtooth：Hyperledger Sawtooth 是一种企业级产品，用于设计、创建、部署和执行基于区块链的分布式账本，以维护数字记录。本项目是英特尔公司开发的模块化区块链套件,采用 PoET 共识机制。

（2）Hyperledger Iroha：Hyperledger Iroha 由 Linux Foundation 托管,用于构建安全、快速和可信的去中心化应用程序。它用于创建一个易于合并的区块链框架,该项目由柬埔寨国家银行和 Soramistu 合作有限公司等共同开发。

（3）Hyperledger Burrow：该项目用于开发许可的智能合约以及以太坊的规范。

（4）Hyperledger Fabric：最流行的超级账本框架就是 Hyperledger Fabric,它是最重要的区块链项目之一,可以有效且快速地管理交易（每秒1000 笔交易）。与其他超级账本项目完全不同,它是私有的,且已被许可用于私人组织。网络的所有成员都必须通过有效的成员服务提供商登录。它还利用 PKI 创建加密证书。与其他项目相比,Hyperledger Fabric 在权限和隐私方面具有更大的灵活性。

（1）Hyperledger Composer：该项目用于构建区块链业务网络。

（2）Hyperledger Explorer：该项目旨在创建用户友好的 Web 应用程序。它可以查看、调用、使用或查询区块、交易和相关数据、网络信息（名称、状态、节点列表）、链码以及存储在区块链公共账本中的任何其他相关信息。

（3）Hyperledger Indy：该项目是区块链中数字身份的工具、库和其他组件的集合。

（4）Hyperledger Cello：该项目是一个基于区块链的 as-a-service 部署模型。

5.3.2　Hyperledger Fabric

Hyperledger Fabric 是一个用于为分布式账本提供高度灵活性、可扩展性、机密性和弹性的解决方案的平台。模块化和适应性强的设计可满足广泛的行业用例。

Hyperledger Fabric 的架构由 4 类组件组成,它们的描述如下。Hyperledger Fabric 的架构如图 5.2 所示。

（1）成员服务提供者（Membership Service Provider,MSP）：用于向区

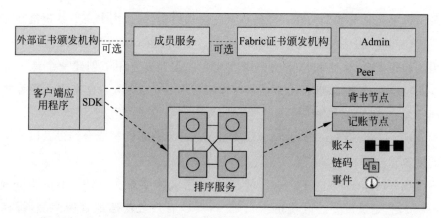

图 5.2　Hyperledger Fabric 架构示意图

块链网络的节点提供身份,通过数字证书完成。节点使用这些证书来确保只有经过身份验证的节点才能进入区块链网络。然后,这些节点拥有访问、签署和验证交易,并将其提交到区块链的所有权利。

(2) 证书颁发机构:用于向网络的所有节点提供证书。它存在于网络中的任何地方,即网络内部或网络外部。这些证书依赖于公钥基础设施,确保网络所有节点的公钥和私钥配对。然后,这些节点将使用公钥和私钥对在区块链网络上进行交易。它支持高可用性特性的集群、用户身份验证的LDAP,以及安全性的 HSM。

(3) 节点:在无许可区块链中,每个节点都有平等的权利加入、访问和验证网络上的交易。但是在许可区块链中,节点并不像在公共或无许可区块链中一样相互平等。在像超级账本这种许可区块链平台中,有着不同类型的节点,例如客户端节点、对等节点和排序节点。

(4) Peer 节点:区块链网络的重要组成部分。每个组织和商用应用程序在区块链网络中拥有一个或多个 Peer 节点。根据设置网络时分配的任务,它们扮演不同的角色。每个 Fabric Peer 节点连接一个或多个通道,每个通道都有自己的账本来维护数据。链码存储在 docker 中,并在通道之间共享。

关于 Hyperledger Fabric 架构的各部分的更多细节描述如下。

(1) 排序服务:用于架构中的数据分发,在区块链网络上提供了一组有序的交易,并在节点的账本中更新。

（2）通道：提供不同账本之间的隐私和安全性。它可以在整个网络中共享，也可以在特定数量的对等节点间使用。智能合约或链码在特定通道上实例化并安装在网络的对等节点上以访问世界状态，并发执行提供了高性能以及可扩展性。

（3）单通道网络：在单通道网络中，所有对等节点都连接到同一个系统通道。所有对等节点都具有相同的链码，并维护相同的账本。

（4）多通道网络：在多通道网络中，多个应用程序连接到特定数量的对等节点。例如，两个应用程序会根据其要求连接到不同数量的对等节点。

（5）客户端应用程序：每个客户端应用程序都有一个 Fabric 软件开发工具包（Software Development Kit，SDK），用于将通道连接到一个或多个对等节点。它还通过通道连接到排序节点，并从对等节点接收事件。客户端可以用不同的语言（如 Go、Java、Python 等）编写。

5.4　国内区块链平台——"星火·链网"

中国信息通信研究院于 2020 年 8 月正式启动"星火·链网"区块链基础设施建设，旨在以制造强国和网络强国战略为引领，支撑"十四五"规划纲要，服务于数字经济发展和产业转型，构建链网协同的国家级新型基础设施。

"星火·链网"以代表产业数字化转型的工业互联网为主要应用场景，以网络标识这一数字化关键资源为突破口，通过构建分布式、多方参与、广泛共识的交互与信任体系，为万物互联提供统一的对象标识机制、统一的身份认证机制和统一的价值交换机制，推动多产业场景的区块链应用发展，实现新基建的引擎作用，成为支撑产业数字化、网络化、智能化转型发展的关键基础设施。

5.4.1　"星火·链网"概述

"星火·链网"以"统一管理、安全可控、融合创新"为原则，构建了一套去中心化、平等共治、数据安全可信和高可用的标识（即服务系统）。通过内置分布式标识技术为数字对象提供多标识注册解析、数字身份、数字资产管理、公共数据共享等基础服务,解决跨领域、跨行业、跨体系的可信数据连接、交互和互操作,从而实现万物智能互联的发展愿景。"星火·链网"以代表产业数字化转型的工业互联网为主要应用场景,以网络标识这一数字化关键资源为突破口,通过协同创新,推动多产业场景的区块链应用发展,实现新基建的引擎作用。

"星火·链网"采用"主链＋子链"的开放式链群架构,助推区块链规模化发展。"星火·链网"主链由中国信通院部署建设的 10 个超级节点组成,旨在提供主链共识和公共服务能力,包括统一数字身份、跨链服务、数据与服务共享等关键能力;由产业实体进行建设的骨干节点向产业赋能,独立设计不同业务场景,可实现数据安全隔离、业务活动高性能运行,建成后将锚定并对接国家超级节点,运营维护行业或地域的链上应用,加速区块链技术的规模化应用,丰富"星火·链网"生态体系。主链与面向特定行业或特定区域的子链,将主要通过骨干节点执行跨链互操作等交互功能,从而实现链网协同和链链互联,支撑数字经济发展。

5.4.2 "星火·链网"体系架构

"星火·链网"采用"主链＋子链"的链群架构,如图 5.3 所示。主链由超级节点构成(其中部署在海外的超级节点称为国际超级节点),负责链群节点管理、公共数据调度和数字资产锚定;子链包括骨干节点和业务节点,对不同业务场景进行独立设计,可实现数据安全隔离、业务活动可信运行。主链与特定行业或特定区域的子链,将主要通过骨干节点执行跨链互操作等交互功能,从而实现链网协同和链链互联。

主链(Blockchain Infrastructure & Facility,BIF)是链网底层共识与基础公共服务的提供者,采用了许可公有链技术,具有公有链开放接入、灵活、可扩展性等特点,又融合联盟链的相关许可机制,具有易于监管、可信、安全可控等特点。主链凝聚了"星火·链网"的最大范围共识,汇聚了全网的关键数据与基础服务,构建统一数字身份、跨链服务、数据服务共享三大核心能力,提供标识资源分配等公共服务能力。

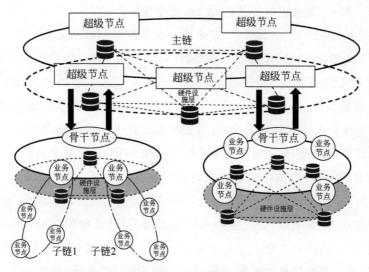

图5.3　"星火·链网"体系架构示意图

子链负责链网上层应用与业务场景的落地。骨干节点作为核心枢纽，向上负责与主链对接通信，向下负责主链关键资源的分发与核心能力的输送。子链针对不同业务场景独立设计，将区块链技术与产业深度融合，充分发挥区块链技术优势，利用产业基础资源，促进区块链在更多场景、以更大规模实现持续发展。根据业务场景和区域的不同，子链业务采用自治理模式，子链可以使用主链提供的公共服务或资源，通过主链与其他子链进行数据共享和价值互认，也可根据需求部署个性化应用或智能合约，支持具体的个性化业务逻辑独立执行，实现数据安全隔离、应用稳定运行。

5.4.3　超级节点与骨干节点

1. 超级节点

（1）超级节点定位及作用。

作为主链的共识节点，超级节点拥有主链全量数据，负责从主链可靠安全地出块，充分发挥超级节点新型基础设施的引擎作用。超级节点负责进行主链共识计算，管理骨干节点，并通过国家主链为骨干节点提供需要的基础性公共服务,如标识解析、数字身份、监测等服务。

在"星火·链网"中,超级节点是基于业务互通的数据交换网络,提供工业互联网标识根节点、智能算力节点、许可公有共识节点、科学实验节点四大能力。其中"星火·链网"超级节点以工业互联网为突破口,提供自主标识智能解析服务,构建自主标识管理体系,打造工业互联网标识根节点能力;基于最新人工智能理论,采用领先的人工智能计算架构,提供人工智能应用所需算力服务、数据服务和算法服务的公共算力,以支持隐私计算这类网络构建,帮助实现数据共享能力,打造"星火·链网"的智能算力节点能力;面向多场景的开放联盟链,为大型的行业应用提供区块链能力,同时,可以支持分层次、分地域、分行业的骨干节点接入,及开放的上层应用共享共用机制,打造许可公有共识节点能力;"星火·链网"超级节点为密码学、算力、芯片测试等提供科学实验的环境,是融合型创新载体,打造科学实验节点能力。

(2) 超级节点建设方式。

超级节点从上向下统筹规划,遵循全面覆盖和建设优势的原则,即超级节点服务应覆盖全国各区域,在地理布局上整体分布协调,从而充分利用国家重要通信枢纽资源优势,汇聚和疏通区域乃至全国网间通信流量,优化网络布局,加速我国数字化转型发展。

超级节点建设的参与方主要有中国信息通信研究院、建设地人民政府、建设地主管部门。超级节点由中国信通院建设和运营,由地方人民政府统筹并落实如资金、场地等相关配套资源。

2. 骨干节点

(1) 骨干节点定位及作用。

骨干节点作为"星火·链网"的重要组成部分,是实现链网协同的业务枢纽。骨干节点遵从主链统一的身份认证机制、统一的对象标识机制、统一的价值交换机制,可以有效弥合不同行业与地域之间的业务逻辑、数据格式和价值共识等方面的差异,从而在更大范围实现产业价值的整体提升。

"星火·链网"骨干节点向上对接主链,获取主链服务。骨干节点通过向主链申请共识域号 ACSN 获取主链资源,遵循主链信任体系、账户模型、跨链协议和链上治理机制,实现区块链系统之间的互联、互通、互访以及互信,促进数据流动,加速信任传递。

"星火·链网"骨干节点向下连通子链,汇聚产业共识。骨干节点面向不同的区域和行业提供区块链服务,带动区域发展,推动行业协作,促进数据的可信融通,进而助力产业数字化变革。随着各地区、各行业的数据上链,骨干节点的枢纽作用将越来越突出。

"星火·链网"骨干节点提供标准区块链服务,快速融通关键资源。骨干节点封装底层异构资源,对接主链公共资源,提供快速建链能力以及工具组件、标准接口规范等,并在此基础上实现和提供标准化的"区块链+应用"服务,促进数据可信融通与企业数字化转型,推动产业创新发展。

(2)骨干节点功能架构。

作为"星火·链网"体系的关键组成部分,骨干节点是面向产业侧的重要区块链基础设施。骨干节点结构建设整体功能框架可分为底层平台、功能体系、应用体系三部分,如图 5.4 所示。

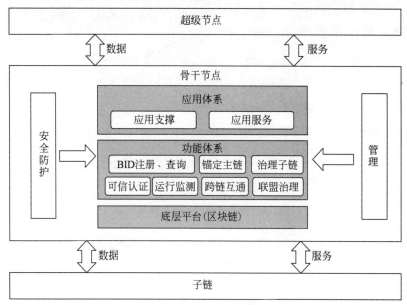

图 5.4 "星火·链网"功能框架示意图

其中,底层平台是支撑骨干节点运行的基础,提供点对点网络连接、执行共识、智能合约等服务;功能体系界定了骨干节点应提供的核心系统功能,包括 BID 注册、查询、锚定主链、治理子链、跨链互通、运行监测、可信认证、联盟治理、应用服务等;应用体系主要包括骨干节点面向不同行业、不同场景提供的应用支撑能力,通过赋能各种具体场景,以促进骨干节点的实际应用及开发。此外,骨干节点需要与"星火·链网"超级节点、行业子链、区域子链进行对接,并满足相应的对接要求。

骨干节点面向产业提供已有区块链服务的接入及根据业务需求生成底层链两种方式提供区块链服务。

(1) 将骨干节点接入已有的面向行业/区域的子链,汇聚子链产业生态。骨干节点通过接入子链聚集区块链在特定行业、特定区域的应用服务;同时,子链可通过骨干节点实现跨链互通,促进子链之间实现应用拓展,如图 5.5 所示。

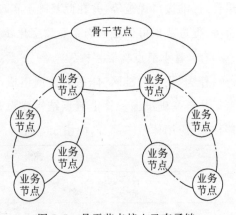

图 5.5　骨干节点接入已有子链

(2) 依托骨干节点底层平台,骨干节点自身可生成底层链,以此提供区块链应用服务。同时,骨干节点可对接"星火·链网"主链资源能力,基于主链数据等资源开发特色应用服务,如图 5.6 所示。

图 5.6　骨干节点自身生成底层链

5.4.4 "星火·链网"建设进展与成效

（1）超级节点建设成效。

随着 2021 年超级节点的不断推进和建设，全国各地政府及产业界对"星火·链网"的认知不断普及，热情更加高涨。当前超级节点建设面向政府侧，与地方需求结合，满足超级节点地方产业发展，得到地方政府的积极响应。截至 2021 年 3 月底，在超级节点建设方面：武汉超级节点已上线，沈阳超级节点启动上线试运行，北京、重庆、山东、厦门超级节点已签署超级节点建设合作协议，此外，南宁、成都、上海、广州、昆明已确定建设意向，并正在推进。现阶段，正在中国香港、中国澳门及马来西亚推动建设"国际超级节点"。

（2）骨干节点建设成效。

新型基础设施与传统基础设施建设的相同点在于前期以投入为主，不同点在于新型基础设施的投资回报周期比传统基建短，该周期主要取决于可持续的运营及商业模式。

目前骨干节点的运营需要相应的团队，重点工作在于通过子链建设培育相应的业务及应用，随着应用的增加，能够探索适用于当地发展的应用模式及商业模式，进而产生收益。现阶段，骨干节点建设成效显著，骨干节点的节点建设和应用孵化同步发展，通过以下 3 个骨干节点建设的典型案例对现阶段成效进行介绍。

（1）营口骨干节点打造从生产要素、半成品、产品、合同订单、银行流水与财务报表逐级迭代，通过生产要素构建的数字资产结构。使当地企业通过"上云、上标识、上链"，实现数据的实时性、安全性、唯一性、真实性、标准化、资产化，向客户与银行展现企业真实的生产情况与财务状况，有效解决因银企间信任问题造成的融资难、融资贵等问题，形成了基于新基建的供应链金融体系新模式。目前已为试点企业在无抵押物的情况下，通过外贸订单，在采购环节获得授信，企业信息化程度得到显著提高，授信额度得以增长，从而提高企业利润，并且降低金融机构的风险。

（2）胶州是山东半岛的重要交通咽喉，供应链相关产业发达。供应链金融是供应链产业的重要组成部分,由于涉及参与方多,业务状态变化快,企业间交易真实性无法判断;目前所有的供应链金融主要还是依靠核心企业的背书能力,但是多级供应商造成核心企业信用传递困难,所以对于金融机构而言,确认贷后履约的风险高;整个过程中涉及多主体协同,多个环节依赖纸质材料的确认与人工重复审核,协同效率低。胶州骨干节点以胶州市为核心,立足胶东半岛,以供应链能力向外输出,逐步接入胶州市、山东省乃至全国工业互联网、供应链相关机构、企业、链级平台、链级应用,核心企业供应商与核心企业的贸易往来数据提交到骨干节点上,当供应商发生融资需求时,通过骨干节点提出融资申请,骨干节点发布信息,金融机构的业务节点通过骨干存证的贸易数据来验证是否能够为供应商贷款,如果可以,即可直接向供应商放款,供应商按期归还本息。实现企业间联动,减少业务重复审核,提升协作效率,帮助资金方以更低的成本完成风控,助力胶东地区供应链金融业务发展;降低核心企业背书风险,在解决中小微企业融资困难的问题的同时,降低金融机构的履约风险,并且改变了传统供应链金融中个体信任传递的模式,转变为以数据可信为依托的数据信任模式。

(3)昆山骨干节点围绕昆山本地及周边区域产业,提供区块链、多标识融合管理、数字身份、公共数据可信共享等基础服务,形成完备的技术成果转化、公共服务支撑与行业应用集聚能力。骨干节点建成后,将充分结合昆山本地的优势产业,建设和培育一系列示范工程应用,围绕城市治理、智能制造、金融科技、民生服务等各个方面,推动区块链等新兴技术不断赋能产业场景。

本章小结

本章首先讲述了区块链平台共有的五个特性,以及评估区块链系统性能的三个重要指标,从而引出了具体区块链平台的介绍。首先介绍了两个具有代表性的公有链平台,即超级账本和 EOS;然后介绍了国外的联盟链平台超级账本,并着重介绍了其中最知名的项目 Hyperledger Fabric;最后介绍了中国信息通信研究院牵头研发的"星火·链网"区块链平台,包括原理、架构、骨干节点的建设成效。

第6章

区块链新型基础设施

以区块链为代表的新型基础设施在新的技术革新和产业变革中发挥着重要作用,并积极推进区块链技术与产业创新、经济社会融合的高速发展。2020 年 4 月 20 日,国家发展改革委首次提出"新基建"范围,明确区块链属于新型基础设施中的新技术类基础设施。新型基础设施主要包括三方面内容:一是信息基础设施,主要指基于新一代信息技术演化生成的基础设施,如以 5G、物联网、工业互联网、卫星互联网为代表的通信网络基础设施,以人工智能、云计算、区块链等为代表的新技术基础设施,以数据中心、智能计算中心为代表的算力基础设施等;二是融合基础设施,主要指深度应用互联网、大数据、人工智能等技术,支撑传统基础设施转型升级,进而形成的融合基础设施,如智能交通基础设施、智慧能源基础设施等;三是创新基础设施,主要指支撑科学研究、技术开发、产品研制的具有公益属性的基础设施,如重大科技基础设施、科教基础设施、产业技术创新基础设施等。2021 年 3 月,区块链被写入《中华人民共和国国民经济和社会发展第十四个五年规划和 2035 年远景目标纲要》,规划提出培育壮大区块链等新兴数字产业。2021 年 6 月,工信部、中央网信办发布《加快推动区块链技术应用和产业发展的指导意见》,意见提出构建基于标识解析的区块链基础设施,打造基于区块链技术的工业互联网新模式、新业态。

本章主要对新基建中的区块链基础设施部分进行阐述,包括区块链基础设施的概念、组成要素，以及组成要素中非常重要的跨链技术，之后分析目前区块链基础设施建设过程中面临的挑战。

6.1 区块链基础设施概述

当前互联网是信息传递的网络，TCP/IP 协议栈为互联网的成功创造了巨大的活力，但同时互联网体系架构也始终面临安全信任框架的缺失。为增强互联网的可信性，尽管学术界和产业界在现有的基础上尝试了许多"打补丁"式的修正努力，但随着互联网的快速发展，特别是互联网技术对数字经济的重要影响，信任问题的解决已经刻不容缓。区块链的多节点链式存储结构保证了存储在链上的数据难以被篡改、可以被追溯，有效解决了开展社会经济活动所需的跨实体信任问题，区块链正成为未来发展数字经济不可或缺的信任基础设施。

区块链基础设施是由具有广泛接入能力、公共服务能力、可灵活部署的公共链网，及连接这些区块链的跨链系统组成的网络服务设施。狭义的区块链基础设施，是指由遵循预定义共识机制的若干节点构成的分布式信任平台；广义的区块链基础设施，是指面向数据这一新型生产要素，支持合规高效的数据要素流通和交易等市场化配置，从而推动构建大规模的可信协作网络。

6.1.1 区块链基础设施属性

区块链基础设施具备基础性、公共性、强外部性这三个新基建属性。区块链基础设施通过分布式的账本技术为社会经济活动提供了信任的基础属性，通过开放共享的机制，为个人、组织、企业等实体提供公共服务，同时可作为一种管理型技术与实体业务强关联，通过与其他技术的配合使用，优化业务流程，创新商业运行模式。

区块链基础设施为社会运转提供基础性的信任管理能力。互联网时代实现了信息的传递和互联，深刻变革了人们的生活习惯，使线上生活常态化。而区块链技术创建了一种基于技术的社会信任体系，通过分布式账本描述了社会经济活动,为社会运转提供基础性的信任能力,提升了主体参与者之间的协作效率。

区块链基础设施面向公众提供公共普惠性的价值传递能力。区块链基础设施通过构建可信协作的分布式网络,可以面向社会提供大规模泛在直连交易服务,进而支持交易在社会化活动的任意环节随时触发,具有巨大的市场规模,受众范围广。区块链基础设施带来的这种无处不在的价值交换能力,将提升各类要素的市场化配置能力,使生产、消费更加畅通循环,加速经济运转。

区块链基础设施与其他信息技术配合为各行各业赋能增效。区块链基础设施通过预定义的共识协议将硬件资源抽象为信任的底座,通过智能合约定义业务参与方承诺执行的协议,重新构建数字经济时代的秩序、规则和信任机制,同时辅以物联网、云计算、大数据、人工智能等信息网络技术实现业务逻辑的闭环……这将改变诸多行业的运行规则,是未来发展数字经济不可或缺的设施。

6.1.2　区块链基础设施特点

区块链新型基础设施具备持续拓展延伸、技术迭代升级迅速、持续性投资需求大、互联互通需求高、安全可靠要求高、技能与创新人才需求大等特点。

（1）持续拓展延伸:当前信息技术创新活跃,信息技术之间、信息技术与传统领域之间都在深度融合,越来越多的新兴信息技术正在演进并形成新的基础设施形态。区块链起源于加密数字货币应用,但其价值不仅仅局限于该领域,其应用范围正在逐步拓展至金融业、制造业、服务业等,随着区块链技术与实体经济的深度融合,区块链基础设施形态逐渐形成。

（2）技术迭代升级迅速:新型基础设施技术性强,技术在不断升级,部分技术还不稳定,数字基础设施需迭代式的开发。区块链基础设施的建设也不是一蹴而就的,区块链技术创新不断迭代以完善自身性能并满足瞬息万变的市场需求。

（3）持续性投资需求大:信息技术迭代快的特点决定了新型基础设施

建设和运营需要大量的持续性投入,而不仅仅是一次性投资。区块链架构虽然基本形成,但是扩容、分布式存储、隐私保护等技术正不断创新,以满足业务发展的需求,区块链项目多引入基金会的模式对生态可持续发展提供资金支持。

(4) 互联互通需求高:在市场力量为主的建设模式下,统一的建设标准和建设规范更为重要。与局域网类似,单独为政的区块链难以大范围统一使用,规模影响力有限,而跨链互联的区块链类似于广域网,实现了服务范围的延伸,可以发挥基础设施规模化优势。所以,区块链基础设施互联互通的需求明显,建设需要整合行业需求和区域需求,从顶层规划出发,实现跨链协同。

(5) 安全可靠要求高:新型基础设施实行联网运行,恶意攻击或者网络故障将给社会带来不可估量的损失。区块链构建了机器的信任,但代码的逻辑还是由人构建的,如果出现漏洞或者被攻击将导致信任基础的全面瓦解,对新型基础设施代码的可信性检查和安全审计至关重要。在 2016 年以太坊 The DAO 事件中,攻击者发现软件存在递归调用漏洞问题,对其发起攻击,并盗走 360 万以太币,最终导致以太坊硬分叉。

(6) 技能与创新人才需求大:新型基础设施的建设和运营对技术要求高,需要大量的技术型人才和融合型人才。尤其是区块链相对前沿,可借鉴经验少,拥有相关知识结构和工作经验的人才在现阶段极度稀缺。2021 年 2 月,人力资源社会保障部与工业和信息化部联合颁布了区块链工程技术人员国家职业技术技能标准,为人才供给构筑基础保障。

6.1.3 区块链基础设施提供信任管理

以信息技术为基础的新基建迅速崛起,使得基础设施内涵和范畴不断外延、扩展和丰富。传统基础设施主要是指铁路、公路、桥梁等看得见、摸得着、服务于物理世界的设施,为物理世界建立起了实际连接网络,有效提高了人类社会的运行效率。而新型基础设施是以技术创新为驱动,以网络化或信息化形式服务于数字世界的基础设施,实现经济运行模式的创新。

狭义的区块链基础设施是分布式信任平台。区块链基础设施是由遵循一套预先定义好共识机制的节点构成的可信网络平台,每个节点自下而上由基础资源、区块链核心框架、服务系统组成,任何去中心化的应用都可以部署在上面。区块链基础设施提供的分布式可信管理模式,将创新金融服务模式、促进医疗数据开放共享、文化成果转化和实现制造业个性化定制,有助于推动数字经济高速发展。

广义的区块链基础设施是大规模可信协作网络。区块链基础设施可以定义为一种新的分布式治理理念,核心是变革现有的社会经济运行模式。区块链基础设施基于共识机制构建智能计算网络,形成了经济社会运行的信任模型,通过智能合约定义业务参与方承诺执行的协议,将物理世界无序的业务规则化。两者结合形成的大规模协作网络,将重新构建数字经济时代秩序、规则和信任机制,直接影响原有社会的组织方式、商业秩序,颠覆数字经济时代的生产关系,创新商业模式,实现市场智能化运作。

6.2　区块链基础设施组成要素

区块链通过运用基于共识的数学算法,在机器之间建立"信任"网络,通过技术背书进行全新的信用创造,是支撑数字经济传递信任和管理价值的关键。区块链基础设施组成要素如图 6.1 所示。

横向来看,区块链基础设施是由具有广泛接入能力、公共服务能力、可灵活部署的公共链网,包括公有链或面向非特定应用场景的联盟链,及连接这些区块链的跨链系统组成的网络服务设施。

纵向来看,区块链技术协议栈中的资源层、数据层、网络层是构成区块链基础设施节点的必备要素。

总体来看,区块链作为一种基础设施,也需要服从治理,做到链运行规则可控、节点网络可控、链上数据内容可控,以保障基础设施稳定运行,使企业、用户权益得到有效保护。

6.2.1　垂直维度的区块链基础设施要素

从垂直维度来看,资源层、数据层、网络层是构成区块链基础设施节点

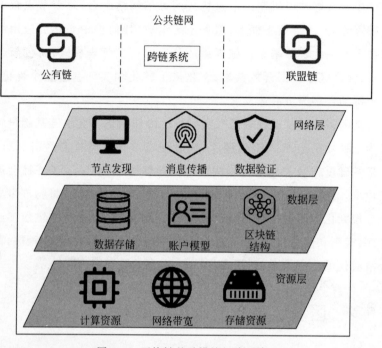

图 6.1　区块链基础设施组成要素

的必备要素,是支持上层应用开发和运作的底层基础,为区块链运行提供必需的核心技术。该部分主要由技术开源社区、联盟组织或初创公司驱动,聚焦区块链底层技术,通过不断创新提高区块链可扩展性、隐私性、安全性等,以更好地支撑上层应用。

　　资源层的核心要素是网络带宽、存储资源、计算资源,主要功能是为区块链基础设施稳定运行提供灵活、可扩展的资源。该层主要由传统的基础设施和信息基础设施服务商提供服务。当前,传统的 ICT 企业正从区块链基础资源提供方切入,通过整合底层网络、存储和计算资源,以区块链服务平台的形式对外提供开箱即用的区块链服务,包括亚马逊公司、谷歌公司、微软公司、阿里云、腾讯云、华为云等。

　　数据层的核心要素是账户结构、区块链结构和数据存储,主要功能是为数据真实性和有效性提供保障。账户结构用于描述事务发起者和相关方的数据结构,当前主要账户模型包括基于过程记录的 UTXO(Unspent

Transaction Outputs)模式、基于状态记录的 Account 模式以及用于存证领域的无账户模式等。区块链结构是指按照时间顺序将数据区块以哈希嵌套的方式顺序相连组合成的一种数据结构,这种链式的数据结构是保证区块链数据难以篡改的关键,主要数据结构包括链式结构和有向无环图结构。数据存储通常采用读写高效的 NoSQL 数据库,如 LevelDB、CouchDB、RocksDB 等。

网络层的核心要素是节点发现、消息传播和验证机制,主要功能是维护区块链网络去中心化的特点。区块链网络拓扑结构可分为结构化、非结构化、半结构化,节点发现、消息传播和验证机制随着拓扑结构不同而相应调整。结构化网络去中心化程度低、传输效率高、节点易遭到攻击,例如以太坊;非结构化网络去中心化程度高、传输效率低、不易监管,例如比特币;半结构化网络兼顾通信效率、去中心化程度和监管要求,例如超级账本。目前,结构化网络整体占优,但在特定场景和需求下,仍然存在较多非结构化的底层网络实施方案。

6.2.2 水平维度的区块链基础设施要素

区块链基础设施与互联网网络呈现相同的发展路径,传统的互联网网络作为信息传递的载体,由局域网逐渐发展成为广域网,而区块链基础设施作为信任传递的载体,由一个个独立的链逐渐发展为跨链互联的形态。

从水平维度来看,区块链基础设施是由多条链以及跨链系统组成的公共链网,公共链网支持广泛接入、灵活部署以及对外提供公共服务。区块链基础设施中的跨链系统,主要由价值跨链能力、数据跨链能力、业务跨链能力组成。区块链基础设施具备互联互通的特点,跨链系统是区块链基础设施的重要装置。跨链技术是实现万链互通的关键技术。现在的跨链技术形态,有些实现资产互通;有些提出一套通信协议,实现区块链间的通信;还有些提出了新的系统架构和运行模式,支持更多区块链的接入。跨链一开始的目标在于让资产能从一条链转移到另一条链,又可以安全地返回,后来扩展到解决两个或多个不同链上资产及状态的互相传递、转移、交换的问题。

6.3 区块链基础设施中的跨链技术

跨链系统实现了信任的延伸,价值跨链实现不同数字资产之间的交易和兑换,数据跨链实现不同链之间数据互通和信息可信共享,业务跨链实现业务逻辑的互联、业务范围的互补。主流跨链方案有公证人机制、侧链/中继链、哈希时间锁定等,其中中继链技术占比最高,中继链即通过构建一条链和配套的策略的形式提供跨链信息传递和信息可信担保。下面详细介绍跨链技术。

6.3.1 公证人机制

公证人机制是一种简单的跨链机制,在数字货币交易所中使用广泛,它和现实世界很类似。假设 A 和 B 是不能进行互相信任的,那就引入它们共同信任的第三方充当公证人并作为中介。区块链中的第三方可以是一个双方可信中心化机构,也可以是一群节点。它不仅进行数据收集,还进行交易确认和验证。

(1) 单签名公证人机制,也叫中心化公证人机制,公证人通常由单一指定的独立节点或者机构充当,它同时承担了数据收集、交易确认、验证的任务。公证人在该交易过程中充当交易确认者和冲突仲裁者的角色,是用中心化机构替代了技术上的信用保障。虽然这种模式的交易处理速度快,兼容性强,技术架构简单,但中心节点的安全性也成为系统稳定的关键瓶颈。最传统的公证人机制是基于中心化交易所的跨链资产交换,这种跨链的方式比较单一,只支持资产的交换,图 6.2 演示了 Alice 通过交易所,用比特币和 Bob 交换以太币的过程。

(2) 多重签名公证人机制,由多位公证人在各自账本上达成共识共同签名后才能完成跨链交易,如图 6.3 所示。多重签名公证人的每一个节点都拥有自己的密钥,只有当达到一定的公证人签名数量或比例时,跨链交易才能被确认。公证人是由一群机构组成的联盟,跨链资金的转移是由这个联盟控制的。相较于单签名模式,这种方式的安全性更高,少数几个公证人被攻

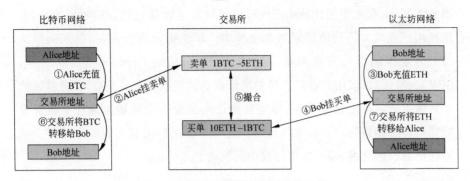

图 6.2　单签名公证人机制过程示例

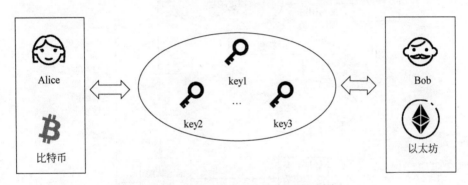

图 6.3　多重签名公证人机制过程示例

击或作恶都不会影响系统的正常运行,但是需要两条链本身支持多重签名。

6.3.2　侧链/中继链

1. 侧链

侧链(sidechain)是一种协议,旨在实现双向锚定。侧链实质上不是特指某个区块链,而是遵守侧链协议的所有区块链的统称。以比特币为例,侧链协议可以让比特币安全地从比特币主链转移到其他区块链,又可以从其他区块链安全地返回比特币主链。例如,以太坊可以成为比特币的侧链,比特币作为以太坊的主链。但是主链可以不知道侧链的存在,侧链知道主链的存在,即侧链能读懂主链。例如,把某用户的比特币转到以太坊上,如

图 6.4 所示,首先要把比特币在比特币区块链上转移到特定的锁定地址,并把某用户在以太坊的地址附加在交易中。矿工确定此交易后,他们向以太坊的锚定智能合约发送简单支付验证(Simplified Payment Verification,SPV)。验证时,该用户在以太坊的地址就会被提取出来。最后,交易验证成功且满足最终确定性要求时,锚定智能合约就会自动从锁定地址中将对等的资产转账到该用户的以太坊地址。这个过程用以太坊的智能合约安全地验证比特币的交易,而不需要任何中间机构。

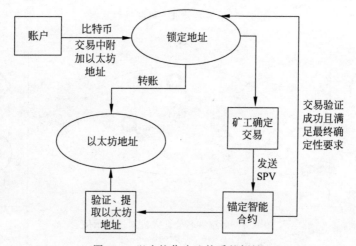

图 6.4　以太坊作为比特币的侧链

从主链角度讲,侧链可以虚拟化地从两方面提升主链的性能。第一,将多个侧链与主链互通,将大部分交易放到侧链上,然后再通过与主链互通实现,可以虚拟地提升主链的吞吐量。第二,侧链可以有主链不具有的功能,通过侧链,主链看上去也“支持”了这些功能。从全局角度讲,侧链作为跨链技术的一种,为万链互联作出了重要贡献。任何一条链,既有主链的功能,又有侧链的功能。

侧链架构的好处是代码和数据独立,不增加主链的负担,避免数据过度膨胀,实际上是一种天然的分片机制,即用网络分片技术来实现高吞吐量。以实现两个或多个不同链上的资产以及功能状态可用以互相传递、转移、交换。也就是说,跨链的存在,不仅增加了区块链的可拓展性,还可以解决不同公链之间因交易困难产生的"数据孤岛"问题。如果以以太坊作为主链，其他链作为侧链，那智能合约计算过程主要由侧链完成，也减轻了以太坊的负担。

2. 中继链

中继是对跨链操作的一种抽象，跨链流程中的信息验证问题被抽象成中继层的共识问题，在此抽象层上可以开发出一条独立的区块链，具有更好的可扩展性。作为跨链交易的账本，在跨链操作中出现了第三条区块链，即中继链。在此模式中，存在一系列中继节点被部署在各区块链网络中，负责将该区块链的交易数据监控和同步到中继链。中继链的共识节点验证跨链交易的有效性，并触发对应交易的执行。作为跨链操作的接口，中继模式还能将跨链作为一项基础设施，通过在每条链上部署智能合约，服务更多有跨链需求的项目。

一次典型的中继跨链操作，如图 6.5 所示。

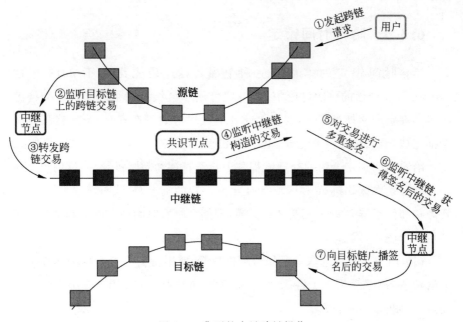

图 6.5　典型的中继跨链操作

（1）用户在源链发起跨链交易请求。

（2）中继节点监测并将该交易信息搬运至中继链。

（3）中继链共识节点验证交易的有效性。

（4）验证通过以后，共识节点构造对应交易。

（5）多数共识节点对交易进行签名，组成签名集合。

（6）中继节点监测共识节点产生的交易及签名。

（7）中继节点搬运该交易至目标链，等待执行。

跨链服务的性能和安全性是由中继链的共识算法决定的。作为工程复杂度较高的技术方案，中继链的实现难度大，但是其优势也很明显。中继链搭配智能合约，能组成跨链服务网络，用一条中继链可以沟通多条区块链之间的信息，实现更大范围的价值转移。

中继链是公证人机制和侧链机制的融合和扩展，并不需要严格区分中继和侧链，从形式上看，中继是一种方式，侧链是一种结果，如原链与目标链之间通过中继的方式形成主链与侧链的关系。侧链表达的是两条链之间的关系，并不特指某种跨链技术或方案。

6.3.3　哈希时间锁定

哈希时间锁定的本质是一种智能合约，最先出现于 2013 年的 BitcoinTalk 论坛的一次讨论中，是一项可用于区块链网络之间资产交换的技术。在资产交换过程中，为了保证各个区块链的资产安全，资产转移要么全部完成，要么全部没有完成，不存在任何中间状态。

哈希时间锁定合约的处理流程基于哈希算法和超时机制，假设用户 1 和用户 2 分别在区块链 A 和区块链 B 上有一定的资产，并试图对位于链 A 的资产 α 和位于链 B 的资产 β 进行交换，则整个哈希时间锁定的流程如图 6.6 所示。

（1）用户 1 首先选取一个秘密随机数 S，使用特定的哈希算法计算出 S 的哈希值 H，之后用户 1 将 H 发给用户 2，同时用户 1 和用户 2 协商两个时间点 T_0 和 T_1，确保 $T_0 > T_1$。

（2）用户 1 基于 H 和 T_0 创建资产锁定智能合约 LockContractA，该智

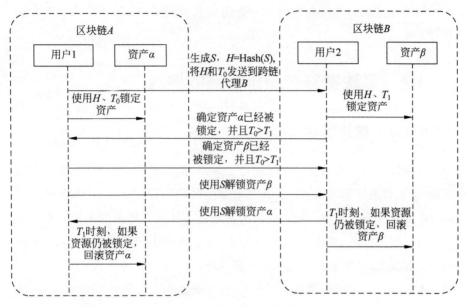

图 6.6　哈希时间锁定

能合约会锁定资产 α，可以使用 S 来解锁，并将资产 α 转移给用户 2，如果在 T_0 前仍未解锁，则会自动撤销锁定，且不会发生任何资产转移。

（3）用户 2 基于 H 和 T_1 创建资产锁定智能合约 LockContractB，该智能合约会锁定资产 β，其可以使用 S 来解锁，并将资产 β 转移给 A，如果在 T_1 前仍未解锁，则会自动撤销锁定，且不会发生任何资产转移。

（4）用户 1 使用秘密随机数 S，调用用户 2 上的智能合约 LockContractB，将资产 β 转移给用户 1。经过上述步骤，用户 2 获得了秘密随机数 S，用户 2 使用 S 调用用户 1 上的智能合约 LockContractA，将资产 α 转移给用户 2，此时资产交换完成。

（5）如果用户 1 或用户 2 中的任意一方超时未执行操作，则在 T_1 时间点后，用户 2 的资产会撤销锁定，在 T_0 时间点后，用户 1 的资产会撤销锁定，还原初始状态。

（6）T_0 和 T_1 用于避免用户 1 或用户单方延误交易，所以其中的交易包 α 和交易包 β 都需要设定时间限制，超出这个时间限制后，相关资产立即撤销锁定，并原路返回。

哈希锁定是一种没有中间机构的跨链资产交易方式,或者说智能合约代替了中间机构。

6.4 区块链基础设施面临的挑战

6.4.1 建设挑战

区块链基础设施的建设牵扯利益主体多,商业模式难挖掘,标准规范难协商,主要有两方面原因。一方面是成功的区块链应用案例较少,区块链基础设施的商业模式难以寻找。区块链基础设施还处于广义的为社会提供信任基石的概念阶段,其建设目的、建设主体、服务范围难以界定,尚未出现成功的商业模式,具体呈现方式和服务形式还有待探讨。另一方面,政府和民间资本等多方利益都需要协调。不同于建设主体明确的传统基础设施,区块链基础设施是由不同的节点构成的协作网络,节点的建设和运行者由利益不对等主体构成,传统的由政府出资建设和运营的模式不完全适用于区块链基础设施,这在一定程度上限制了区块链分布式自治的发展路径。

同时,基础设施建设标准仍存争议,系统工程化需要进一步推动。基础设施建设缺乏统一的行业和技术标准,国内外围绕公链和联盟链分别进行了商业化探索与建设,哪种最终会成为基础设施的底层还没有定论。同时,主流项目系统迭代升级一再推迟,从设计到系统落地道阻且长。

6.4.2 技术挑战

区块链基础设施的服务范围广泛,需在分布式体系架构、商用性能瓶颈及核心技术方向实现突破,以满足商用需求。

首先是区块链系统架构的突破。受限于区块链的分布式架构特性,为了保证数据的完整性和准确性,区块链在数据写入时花费的时间比传统技术长。同时,由于各节点不同的计算能力和网络状况,吞吐量和交易速度难以提升。只有突破现有区块链系统架构,才能从根本上实现区块链安全与效率的量变,从而适用于未来的大规模商业需求。

其次,需要在区块链可扩展性、安全性、性能的"不可能三角"中寻找技术平衡点。目前区块链基础设施看似生态多样,但多基于比特币、以太坊、EOS 等公有链系统,它们由 Cosmos、Polkadot 等跨链项目以及 IBM 主导研发的超级账本 Fabric 等底层技术衍生而来,这些项目在开放式网络中难以突破区块链的"不可能三角"瓶颈,离大规模商业应用还有一段距离。

6.4.3 应用挑战

区块链技术的应用在金融领域率先开始,并逐渐拓展到实体经济领域,包括电子政务、数字身份、版权保护等,但是其应用价值存在诸多疑虑。

首先是服务种类过于单一,目前开展的应用多为存取证类,业务同质化严重,创新模式乏力。其次是应用信息并未出现互联互通。由于缺乏顶层规划,导致不同应用之间底层异构,链间不互通,信息孤岛问题严重,形成"链岛"。区块链系统最大价值就是通过分布式的技术实现跨系统、跨地域、跨主体的业务协同,而链岛问题使区块链基础设施难以发挥其优势,旧有烟筒式壁垒还未打通,新的链岛问题又出现。再次,基础商业化应用工具并不完善。智能合约、通证与交易、隐私保护、数字身份等工具并未构建完善,导致在目前区块链上开发应用的难度高,并且也无法发挥出区块链网络相比于传统互联网的优越性。

6.4.4 监管挑战

区块链基础设施对监管的挑战主要体现在规则和手段两方面。一方面,应用区块链技术或设施带来的服务形式变化对既有监管规则产生了挑战。例如,多节点协作服务与服务主体责任的要求,链上信息难以篡改删除与不良信息治理的要求,基于跨境区块链形成的服务和数据流动与国家司法管辖权,智能合约的执行与合约要件和效力要求等。为缓解这类区块链业态和监管规则的矛盾,应在可控的范围内推动区块链沙盒实践,实现认识、实践和规则的快速迭代、试错,推动业态和规则"相向而行"。另一方面,区块链应用发展在各环节中对监管要求的忽视,导致了区块链监管工具组件缺失、监管抓手和角色分工不清晰等问题。对此,应积极推动构建具备监管功能,同时服务创新的国家级区块链公共基础设施体系,实现区块链发展中监管理念和手段嵌入,引导区块链技术应用发展与社会治理需求协调融合。

本章小结

本章主要对区块链基础设施进行了介绍,从垂直与水平两个角度分析了区块链基础设施的组成,由于未来区块链一定是多链互通的结构,因此本章对实现跨链互通的关键技术——跨链技术进行了介绍。本章最后分析了目前区块链基础设施建设过程中面临的问题。

第7章

区块链基础设施建设与应用趋势

过去几年时间里,区块链在医疗、能源、政务等领域得到了广泛的应用。随着区块链基础设施建设如火如荼地开展,生态化发展逐渐形成。各地政府格外重视区块链技术创新与产业的深度融合,通过顶层设计、资金和政策引导等多重方式,组织了大规模的多方信任建立与数据价值发挥等应用实践。本章从全球区块链基础设施建设与现状引入,然后介绍区块链在传统行业中的应用,最后给出区块链的创新应用案例。

7.1 全球区块链基础设施建设现状

7.1.1 国外建设

全球对区块链基础设施的支持力度大幅提升。美国在全球金融和技术上处于领先地位,并希望继续引领全球区块链发展。美国拜登政府于2022年3月签发总统令,要求美国政府各部门研究区块链技术、数字资产发展与应用情况,分析其对美国金融、技术的影响;美国国家科学技术委员会发布的《先进制造中的美国领导战略》和美国国防部发布的《国防部数字现代化战略》中均提到对区块链技术研究和基础设施建设的推动。欧洲注重区块链区域影响力和协同发展,重视数字身份的应用。欧洲区块链服务基础设施(European Blockchain Service Infrastructure,EBSI),已有 30 个欧洲国家参与和支持。2022 年 2 月,欧盟委员会发布《数字欧洲计划》,并宣布将继续推进 EBSI 服务创新、区块链标准和数字身份等。日本决心抓住 Web 3.0 的机遇,探索区块链基础设施建设带来的经济增长机会。日本首相岸田文雄于 2022 年 5 月发表声明,将以区块链基础设施为技术支撑的新一代互联网框架 Web 3.0 的发展上升为国家战略,并于同年 6 月批准了日本《2022 年经济财政运营和改革的基本方针》,提出将努力为实现这样一个去中心化数字社会进行必要的环境改善。韩国政府则以元宇宙建设为起点,投资超过 1.77 亿美元启动元宇宙领域产业发展,韩国知名公有链 Klaytn 依托韩国最大的科技公司 Kakao,转型成为全球领先的区块链基础设施。

7.1.2　国内建设

我国对区块链基础设施的支持力度持续增加,基于"十四五"规划中数字经济发展和区块链技术创新的指导方向,在资金、政策、产业、应用层面推出了一系列政策支持。目前国内的区块链企业分为三类:头部互联网企业如百度公司、阿里公司、华为公司和腾讯公司等;其次为电信运营商;第三类为专注区块链的中小型企业。国内的互联网公司依托庞大的客户流量、前沿的科学技术研发能力以及完备的生态系统,进行快速的企业级区块链部署和快速的"上链"服务。例如,百度公司的百度云区块链即服务(Blockchain as a Service,BaaS)平台,阿里公司的阿里云 Baas 平台,华为公司的华为云区块链服务(Blockchain Service,BCS)平台。腾讯公司的腾讯云区块链服务(Tencent Blockchain as a Service,TBaaS)。这些头部互联网企业依托其强大的科技和完善的平台,助力区块链的研发,为企业自身提供一站式区块链解决方案。同时,根据企业自身的业务性质不同,在区块链战略部署上也具有较大差异。腾讯公司结合企业自身在游戏、数字版权和移动支付等业务上的丰富经验和庞大数据,在建设 TBaaS 时重点结合上述业务特点,提高企业区块链的服务能力。京东公司则利用其海量的电商和物流等数据,重点布局区块链金融、物流溯源等场景。网易公司基于自身在游戏领域的领先地位,将区块链在游戏场景中落地,推出区块链产品"网易星球"，探索一条将区块链投入商用的道路。

7.2　区块链赋能传统行业

7.2.1　金融

金融领域是区块链技术应用最广泛的行业之一，也是需求最大的一个领域。近年我国各类区块链金融应用纷纷落地，以区块链为基础的金融科技成为金融界产品及业务创新的主要方向，各大银行和企业开始在金融业务领域开展广泛的探索和尝试，包括国有四大银行和主要股份制银行在内的国内大型银行均已布局区块链，涌现的应用案例主要涉及资产管理、跨境支付、保险等领域。

1. 电子发票

传统的电子发票开具过程烦琐、成本高：（1）企业如需开具发票，需要购买税控装置，以实现发票的防伪、税控；（2）存在重复报销的可能，在传统电子发票的流程监管上，企业无法检测发票是否被重复报销，需要自行核查；（3）传统纸质发票存在造假问题，企业要花费大量的人力成本对发票进行核查，人力成本高，效率低。通过应用区块链＋支付技术，提高伪造和篡改原有发票的难度，有效防止一票多报，并以加密和数据隔离的方式创新了隐私保护策略，同时实现发票流与资金流结合；经营者可以在区块链上实现发票申领、开具、查验、入账；消费者可以实现链上储存、流转、报销；税务监管方、管理方的税务局则可以实现全流程监管和智能税务管理。

2. 跨境信用证

目前跨境信用证行业存在一些问题：（1）银行缺乏手段来核实业务的贸易背景真实性，难以防范发票、第三方单据等纸质凭证重复使用、造假的可能性；（2）各个中介增信方贸易主体间相互不信任，只能采用高成本方式；（3）纸质票据的种类多、流程烦琐重复、审核周期长；（4）仍有许多票据需要依靠邮寄,而邮寄耗时长、安全性差。应用区块链技术,贸易企业、银行、验货机构、监管机构(海关)等跨境贸易业务参与方组成联盟链,构建区块链信用证系统。无须大面积改造各方原有核心系统,即可通过该系统,不需要任何中心化运维管理的系统,将业务流程的处理逐步迁移至链上进行,并实现全流程数字化。

3. 供应链金融

由于中小企业存在规模小、财务管理制度不规范、可持续经营能力不稳定等问题,金融机构无法有效衡量企业的真实偿债能力。区块链技术可有效解决中小企业融资困难、交易真实性验证成本高、信息孤岛效应明显等问题。区块链以其分布式总账的特点,可记录中小企业的每一笔交易,并能记录其来源、去处以及原始依据,提高了企业记账过程的透明性,使得金融机构在企业贷前的审计进程更快速、更低耗,从而实现计算机自动化审计,降低审计成本。区块链上信息无法被篡改、撤销和伪造,使得区块链上的数据是真实可信且终身有效的,任何一个新区块的加入均会被同步复制到所有区块中,保证了信息的同步性。因此,借助区块链,金融机构可随时发现企业的异常经营行为,对其经营行为进行实时监控。例如,实时关注企业的公安违法信息、法院执行信息、行业新闻等负面信息,实现事前预警,提前防范风险,并据此监督数据的使用。

4. 支付、交易清算结算

传统的跨境支付系统存在多个痛点,需要经过开户行、央行、境外银行、代理行、清算行等机构,每个机构都有自己的账务系统,因此速度慢、效率低。由于各家银行的外汇交易资质不同,有些交易还需要中间银行作为中转。区块链技术应用在跨境支付领域,能降低金融机构间的对账成本及争议解决的成本,提高支付业务的处理速度及效率;基于区块链的跨境外汇交易包括交易指令发起、银行接收交易指令、银行间外汇交割、外汇额度数据报送。

7.2.2　医疗

在智能合约时代,区块链技术可与许多医疗细分领域紧密结合。在"互联网＋"时代的背景下,医疗服务信息化已经成为国际发展趋势,国内越来越多的医院正加速实施信息化平台建设,以提高医院的服务水平与核心竞争力。但在快速发展的信息技术影响下,越来越多的问题也涌现出来了。例如,大量的医疗数据分散地存储在各个医疗机构中,难以实现跨机构、跨平台的数据流通;无法对个人的医疗数据进行全面、集中的分析;医疗数据不能共享也导致医疗研究进展缓慢。同时,医疗服务信息化也使得医疗数据面临着信息安全和个人隐私泄露的问题。医疗机构需要安全的保密机制,尤其涉及敏感的治疗记录。而这些医疗记录和信息如果只是被单纯放进机构运营的信息数据库里,已不再是稳妥可行的选择。2016 年 7 月加州大学洛杉矶分校健康服务系统就发生了由于用户数据没有加密,450 万份档案资料被泄露的事件。

(1) 健康数据共享和存储。

区块链技术的快速发展促进了医疗数据的共享和存储。患者的医疗数据可以以一种不可变、安全和可靠的方式共享和存储在区块链上。基于区块链,可以对个人医疗保健数据进行管理,并支持不同医院、医疗中心、保险公司和患者之间的数据共享。在整个过程中,可以保证医疗数据的隐私性和安全性。同时,基于区块链的系统可以确保私人医疗数据的管理。由医疗传感器产生的医疗保健数据可以通过智能合约自动采集并传输到系统,从而支持患者的实时监测。在整个过程中,隐私可以通过区块链的底层来保护。

(2) 健康数据访问控制。

区块链技术使得患者访问其医疗数据变得安全、分散。基于区块链的去中心化记录管理系统,用于处理电子医疗记录。利用智能合约实现对医疗记录的自动访问控制。公共卫生区块链用于控制对个人健康数据的访问,并使个人、医疗保健提供者和医学研究人员能够安全地共享电子健康数据。

7.2.3　能源

区块链在未来能源互联网中将有广泛的应用前景。能源互联网由分布式微电网构成,微电网是一组本地化的电力来源和负荷,以提高能源生产和消费为目标进行集成和管理,从而提高效率和可靠性。电力来源可以是分布式发电机、可再生能源站,以及由不同组织或能源供应商创建和拥有的设施中的储能组件。微电网技术的主要优势之一是,它不仅允许居民和其他电力消费者获得所需的能源,而且可以生产多余的能源并将其出售给电网。区块链可用于促进、记录和验证微电网中的电力买卖交易。以类似的方式,区块链可以在更大的规模上用于智能电网中的能源交易。在配备双向通信流的智能电网中,区块链可用于支持安全和隐私维护的消费监测和能源交易,而不需要中介。智能合约用于确保对预期电力灵活性程度的程序性描述,需求响应协议的验证和可操作性,以及电力需求和发电之间的平衡。

分布式可再生能源的出现正在重塑能源消费者的角色——从纯粹的消费者转变为生产消费者——他们除了消费能源外,还可以生产能源。拥有额外能源的生产者可以将这些能源出售给其他消费者。区块链技术为构建去中心化、可信、高效的点对点能源交易提供信任保障和价值转移,实现能源流、信息流、资金流的有效衔接;哈希加密保障能源数据可信、安全、可追溯历史信息,清晰地记录每一度电的来源和用途,避免用户数据被篡改或破坏;智能合约实现能源互联网海量设备之间可信、自主、自动的点对点能源交易,完成供给和需求双方的自动匹配,提高能源效率;去中心化的共识机制提高了系统交易的安全私密性,实现能源互联网去中心化的高效电力交易,降低了管理成本。

7.2.4　农业

区块链技术是实现农业数字化转型的重要一环。区块链在农业中的应用可主要分为可追溯供应链、智慧农场及农业金融三个环节。

1. 可追溯供应链

区块链可以帮助验证食品的质量、完善食品的可信机制。新西兰政府已经推出基于区块链的智能农业。消费者可以使用该系统跟踪食品的产地、质量和安全。使用区块链,消费者可以看到产品从农场到超市的过程,获得安全感和控制感。此外,通过应用区块链技术,可以打破小型生产者和大型生产者之间的信息差,使市场变得更加透明。例如,沃尔玛百货有限公司可利用超级账本平台追溯猪肉、芒果等生鲜商品的源头及生产流程。

2. 智慧农场

建立"食品原料种植/育种、加工、运输、仓储、销售等过程"农业整体使用的可信赖智能框架后,利用区块链去中心化整个行业的数据库和信息,所有者可以将农场管理相关信息与公众分享。系统积累的信息可以促进更高效的决策过程。企业渔场监控系统可利用超级账本平台在渔场中监控全部生产相关数据,并安全存储。

3. 农业金融

区块链技术可助力解决涉农项目和农业经营主体融资难、融资贵的问题。农业受自然条件影响较大,农村土地和房产等可抵押性不足。当农业经营主体向金融机构申请贷款时,需要提供相应的信用信息,但这些信息的完整性和准确性无法保证,而区块链的透明和不可篡改的技术特性为建立去中心化的信任机制提供了可能。区块链借助物联网终端检测农作物的生产状况,而将农业资产信息上链提供给金融机构,从而为农民提供抵押贷款。另外,金融机构还可以作为区块链上的节点,随时监控农业生产经营状况和产品流通情况,实现贷款的风险控制。

7.2.5　物流

物流供应链行业因其链条长、分散的行业特性导致征信难、融资难、协同难。物流企业可在流程优化、物流追踪、物流征信和物流金融这四个方向应用区块链技术。

1. 流程优化

物流承运商和雇佣方之间的结算凭证是双方结算的重要依据,传统纸质单据的运营成本高,效率低。通过区块链和电子签名技术可以实现运输凭证签收无纸化,将单据流转及电子签收过程写入区块链存证,实现承运过程中信息流与单据流一致,为计费提供真实准确的运营数据。将签收结果写入区块链存证,签收结果不可篡改、可验证。在后续对账过程中,双方利用链上可靠数据共同管理同一账本,减少对账成本,缩短结算账期。

2. 物流追踪

通过将商品生产过程、流通过程、营销过程的信息写入区块链,实现精细到一物一码的全流程正品追溯,每一条信息都拥有特有的区块链 ID,且每条信息都附有各主体的数字签名和时间戳供查验。区块链的数据签名和加密技术让全链路信息实现了防篡改,可以将商品在生产、仓储、物流、交易等全生命周期数据提供给监管部门或消费者溯源、验真。

3. 物流征信

区块链能够建立征信主体并确定数据主权,能够在保护个人隐私和相互信任的前提下完成数据的流通与共享。可将区块链上的可信数据,如服务评分、配送时效、权威机构背书等信息作为输入,通过行业标准评级算法,利用智能合约自动计算物流企业或个人的征信评级,将评级结果写入区块链,在有效保护数据隐私的基础上实现信用数据的共享和验证。

4. 物流金融

可依托于区块链上可信的存证数据,如征信评级、应收账款、固产或动产等,向金融机构证明交易的真实性和票据的真实性,帮助入链供应商盘活应收账款,降低融资成本,增加财务收益,解决供应商对外支付及上游客户的融资需求。通过区块链记录供应链各主要参与方在生产、销售、采购、物流等环节的关键数据,形成不可篡改的真实贸易信息数据链,实现相关资产的数字化。区块链技术可以提供去中心化、多方平等协作的平台,降低核心企业、融资企业、物流提供商、金融机构等物流金融主要参与者在协作过程中的信用风险与成本。

目前物流行业中已经有应用区块链技术的案例。IBM区块链提供的供应链管理所有方面的解决方案,特别关注物流透明度和可追踪性,通过安全的全球业务系统和网络简化业务交换、交易和贸易联系。顺丰速运有限公司基于超级账本技术搭建了溯源平台,利用区块链+物联网技术,自动采集农业数据,无人工参与,保证信息来源的真实性。顺丰速运联合第三方质检机构、农业部门共建农产品数据联盟链,数据由多方记录,不可篡改,解决了传统供应链的数据中心化存储、数据安全、产品串货等痛点。

7.2.6 政务

随着数字经济3.0时代的来临,新型智慧城市、智慧政务、基于区块链的政务数据共享等概念正在兴起。传统的政府业务部门之间信息不能共享,业务信息系统间普遍存在的信息交叉采集、重复录入的状况,造成存储冗余、重复建设和数据不一致等问题。为了解决这些问题,当前政务部门之间的数据共享机制如图7.1所示,不同部门的多源异构数据汇聚到一个巨大的数据仓库中,通过数据仓库分权限共享,提供数据共享服务。但是这种中心化的数据共享机制面临如下问题:政务系统重复建设、缺乏统一的数据结构和访问接口;业务数据难以跨部门流通共享;政务协同缺乏互信共享机制;难以清晰界定数据流通过程中的归属权、使用权和管理权;缺少数据信息全流程可追溯手段;另外,中心化系统存在被入侵、数据被篡改的风险。

近几年,北京、河北、贵州、湖南、海南等地陆续发布了区块链发展规划,积极推动"政务上链",基于区块链的协作方式和数据共享机制如图7.2所示,以去中心化的方式实现非政务数据与政务数据,以及不同政务部门之间业务数据流通共享,将带来政务数据共享的范式转移。利用区块链分布式和非对称加密技术,解决信息安全和数据权威性;通过数据管理和数据治

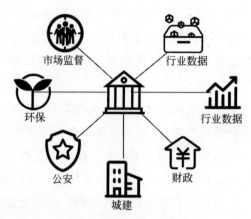

图 7.1　当前政务部门之间的数据共享机制

理,实现数据共享安全可信;清晰界定数据流通过程中的归属权、使用权和管理权,实现数据校验溯源、数据共享激励、数据产权归属管理、数据使用记录等。2018 年,湖南省娄底市构建了全国第一个不动产区块链信息共享平台,并签发了全国第一张不动产区块链电子凭证;南京市打造区块链政务数据共享平台,由公安、工商、社保、民政在内的 49 个政府部门充当管理节点,构成政务联盟链。所有数据的上传、查询和使用都会被记录,数据所属权、使用权清晰界定,实现了数据在不同部门间的流通共享。

图 7.2　基于区块链的协作方式和数据共享机制

7.3　区块链创新应用案例

7.3.1　去中心化自治组织

去中心化自治组织(Decentralized Autonomous Organization, DAO)是利用区块链、智能合约、通证经济等技术实现的组织,是达成一个共识的参与者们自发产生的共创、共建、共治、共享的协同行为衍生出来的一种组织形态。DAO作为区块链解决信任问题后的附属产物,可以帮助基于区块链的所有商业模式治理、量化参与其中每个主体的工作量,包括加密货币钱包、App以及公有链。DAO通过收取交易服务费来盈利,支付的方式通常为数字货币。

DAO的组织规则通过代码维护而非法律保障,程序中设定好的规则限制着组织成员,区块链技术保障程序的去中心化自主运行。DAO的事前约束模式使得在低信任的模式,如用户匿名、跨国中都可以形成组织。DAO改变了传统公司中个人的身份边界,DAO是参与者也是通证持有人,参与者与所有者的身份边界消失,既能够参与构建项目获取报酬,也可以共享组织发展带来的经济利益。此外,DAO的信息透明、不设门槛——大部分项目代码开源,用户能够获取组织的全部信息,因此能够最大限度地激励组织内部竞争,激发用户能力。用户可以为多个DAO工作,也可以随时退出。这种自由开放模式一方面加快了创新和资源配置,使得区块链发展速度快,因为DAO间的资源流动比公司更加高效频繁,行业间的信息沟通程度加深;另一方面,加快了组织共识的达成速度,因为用户随进随出,有着相同目标的参与者进入组织,对组织路线不满意的参与者随时退出。比特币网络被视为DAO的第一个范例。它以去中心化的方式运作,并透过共识协议进行协调,且参与者之间不存在阶层结构。比特币协议定义了组织的规则,而比特币作为货币为用户提供了保护网络的奖励。这就确保了不同参与者可以共同努力,让比特币以去中心化自治组织的形式运作。

7.3.2　去中心化应用

去中心化应用(即DApp)是去中心化的区块链分布式应用,为用户提供一些功能或实用程序。与传统应用程序(App)不同的是,DApp 无须人工干预即可运行,也不属于任何一个实体,而是 DApp 分发代表所有权的代币。没有任何一个实体控制系统,应用程序变得去中心化。区块链中的 DApp 相比于传统 App 具有一些优势:DApp 运行在分布式网络上,参与者的信息被保护,通过网络节点中的不同人进行去中心化操作。分布式网络中任意一条线路发生故障时,通信可转经其他链路完成,具有较高的可靠性。传统 App 采用中心化的网络架构模式,则需要通过第三方服务商提供的服务,如通过移动通信网络来实现无线网络接入。DApp 应用程序必须是开源的,大部分由 DApp 所发行的代币自主运行而不是由某个实体控制,所有数据和记录都必须加密保存在公开且去中心化的区块链上。传统的 App 软件、游戏、导航等应用一般由第三方服务商提供,受版权保护、经济利益等问题约束,其程序并不开源。

DApp 依照功能、性质可以分为多个类别:交易所、游戏、金融、赌博、开发、存储、钱包、治理、财产、身份、媒体、社交、安全、能源、保险和健康。例如,以太坊网络上最出名且使用最多的 DApp 之一——加密猫(CryptoKitties),其用户可以购买、养育和收集数字小猫。这些数字小猫使用了用以太坊网络 ERC-721 标准构建的独特数字令牌,使其不可复制和窃取。EtherCraft 是一款分散式 RPG 游戏,位居以太坊 DApp 活跃排行榜前列。EtherCraft 的用户根据特定配方制作物品,并尝试销售或者交易该资产。用户可以合并物品、分解原料物品并打开获取的战利品箱子以获取新的物品。

本章小结

本章主要对区块链基础设施建设进行了介绍,并对应用趋势进行总结。首先从国外建设和国内建设的角度对于全球区块链基础设施建设现状分别进行介绍,然后对于区块链在传统行业(包括金融、医疗、能源、农业、物流和政务)中的应用进行阐述,给出了实际应用案例。最后,对区块链创新应用案例去中心化自治组织和去中心化应用进行了介绍。

第8章

区块链面临的问题及解决方案

区块链本身具有不可篡改、去中心化的特点,与之相关的应用近年来受到广泛推广。但作为新型的信息技术,区块链还存在许多问题,其中包括扩容、隐私保护、网络攻击以及法律监管。本章主要介绍区块链面临的问题以及相应的解决方案。

8.1 扩容问题

伴随交易数量的激增,区块链对于交易处理的要求也随之提高,因为原始区块设置的大小限制以及生产新区块的时间限制,原始的比特币在理论上每秒只能处理近 7 个交易,相对于数百万计的交易额相形见绌,很难满足实时处理的技术要求。同时,由于矿区的产能体量小,如果矿工选择手续费较高的交易,将会使得小规模交易延迟。比特币扩容受阻,造成比特币的拥堵和较高的手续费,从而引发竞争币暴涨、分叉币浪潮、公有链大战、交易量大跃进,尤其是比特币现金(Bitcoin Cash,BCH)的诞生。有关于区块链需要以何种方式扩容也引发了外界的激烈讨论,成为亟待解决的问题。

8.1.1 区块链系统中的性能问题

随着区块链技术的普及,主流公有链的交易数量不断增加,以及以太坊链上部分应用程序的火爆,区块链网络拥堵现象逐渐显现。比特币的未确认交易最高超过 19 万笔。比特币的区块大小上限为 1MB,出块的间隔时间约为 10min,从历史数据来看,比特币的每秒交易处理量大约为 3.5,理论上可以达到 7,当交易笔数较少时不存在拥塞问题,但目前交易量的激增,拥堵现象越来越密集,根据 Blockchain. info 的数据,比特币未确认的交易数最高达到 19 万笔。2017 年 11 月底,以太坊的数字猫收藏游戏 Crypto Kitties 已经在其平台上处理了超过 1200 万美元的销售额,但仍受制于网络拥塞问题。2017 年 12 月 5 日,以太坊中未处理的交易达到峰值 19800 笔。拥堵产生的另一个问题即交易费用的上升,交易签名后广播,进入矿工节点的待打包交易池,矿工会优先处理服务手续费开价更高的交易,当出现拥堵时,手续费较低的交易难以得到及时确认,以以太坊为例,拥堵时手续费最高达到 162 美元。

打造一个可扩展的中心化网络并非难事,难的是实现可扩展性、非中心化和安全性三方面的完美组合。区块链可扩展性不可能三角(Scalability Trilemma)是区块链系统一般只能实现非中心化、安全性和可扩展性中的两个属性。想要显著提升可扩展性,则必然要在安全性和非中心化上有所舍弃,如图 8.1 所示。主流公有链主要关注安全性和非中心化,在一定程度上牺牲了可扩展性,事实上它们的颠覆性意义本身也不在于交易性能。

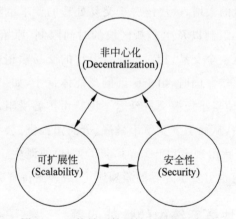

图 8.1　区块链可扩展性不可能三角图

　　区块链扩容时,不能使用增加区块大小或者缩短相邻块的间隔时间的方式来加快交易确认的效率。因为每笔交易要对网络中所有全节点进行验证和处理,区块链的体积越大,扩散至整个网络所需要的时间就越长,节点间的延迟会随着新增节点数呈现对数性增长。相邻块的时间间隔主要由验证时间、传播时间和共识时间构成,验证时间和传播时间相较于10min来说很小,可以忽略不计。式(8-1)中 $P(\text{fork})$ 为分叉概率,t_1 为新区块传播到90%以上节点所用的时间,t_2 为相邻块的时间间隔。在其他条件不变的情况下,分叉概率与 t_1 呈正相关关系,与 t_2 呈负相关关系。增加区块体积会使得传播用时 t_1 变大。分叉概率的扩大会导致孤块率的上升,区块体积过大或相邻块时间间隔变短会带来运营成本上升。全节点运营成本的增加会使存储成本和带宽成本都上升,成本上涨以及孤块率的增加都会使得算力呈中心化趋势,并减弱安全性。

$$P(\text{fork}) = 1 - \mathrm{e}^{-\frac{t_1}{t_2}} \tag{8-1}$$

　　区块链的扩容主要分为链上扩容和链下扩容,它们目前是解决区块链扩容问题的两个主要方向。

8.1.2　链上扩容方案

　　链上扩容指的是直接在区块链上操作,通过调整区块大小以及数据结构来提高处理交易能力,针对区块链协议层,对底层区块链进行改造,包括区块链的数据层、网络层、共识层和激励层,达到使区块链更快、容量更大的目的。其中,数据层包括扩块、隔离见证、有向无环图,网络层主要为分片操作,共识层有混合共识、BFT(Byzantine Fault Tolerance)类共识以及非BFT类共识。图8.2详细介绍了几种链上扩容方式。

　　扩块就是将区块链的区块容量大小的限制由1 MB扩大到2MB、4 MB甚至 TB级别,以达到扩容的目的。扩大区块容量大小时,需要修改比特币代码,会导致硬分叉现象,即通过对底层代码进行修改而衍生替代性去中心化货币。

　　隔离见证最早由PieterWuille在2015年提出。见证指的是区块链对交

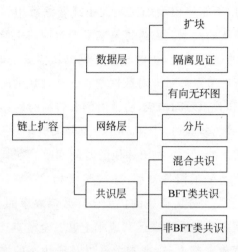

图 8.2　链上扩容方式

易合法化的验证；隔离是指把见证数据从交易信息里提取出来，并单独存放。虽然隔离见证没有直接地提升原始的区块大小，但将见证数据抽离，将签名信息后移，实际的区块链容量已经达到了 1.8MB。除此之外，隔离见证的目标是解决比特币的交易延展性，同时为闪电网络作基础。

有向无环图(Directed Acyclic Graph,DAG)是一种数据结构，因其独特的拓扑结构带来的优异特性而经常用于处理动态规划、导航中寻求最短路径、数据压缩等算法场景。作为最新的分布式账本主力竞争技术，DAG 可以解决传统区块链的效率问题。传统区块链只有一条单链，打包和出块不能并发执行，而 DAG 的网状拓扑可以并发写入。通过将同步记账提升为异步记账，DAG 可以解决传统区块链的高并发问题，是区块链技术的一次重要革新。

与传统的区块链相比，传统区块链的组成单元是 block，即打包多笔交易的区块，该过程是单线程的，所有交易记录记在一个个区块中，最新的区块只需要加入最长的一条链上，并需要矿工的参与。而 DAG 的组成单元是交易，是多线程的，每笔交易单独记录在每笔交易中，新增交易需要加入之前的所有链上，DAG 不需要矿工，即不需要打包、验证交易。DAG 有多项优点。

（1）提高交易速度：DAG 可以多线程交易，而区块链只能单线程交易，而且 DAG 中交易者越多，速度越快。

（2）节省成本：把交易确认的环境直接下放给交易本身，因此不需要手续费，这一点将有助于提升交易量。

（3）节约资源：DAG 中没有矿工角色，所以不需要消耗社会资源。

同时，DAG 也有一些缺点。

（1）交易时间难确定：DAG 是一种异步通信模式，无法控制一致性，因此确认时间会更长。

（2）双花问题难以解决：DAG 是多链结构，因此很容易出现双花问题，并且这个问题目前还没有很好的解决方案。

（3）交易冗余：很容易出现多条链记录同一交易的情况，从而造成系统压力指数增长。

分片最早源于数据库领域。分片是指数据库中数据的水平分区，每个分片都保存在一个单独的数据库服务器实例上，以分散负载。区块链分片的基本思路是将区块链网络中的节点分成若干个相对独立的分片，单个分片处理规模较小的事务，甚至只存储部分网络状态，多个分片并行处理事务，理论上将会提升整个网络的吞吐量。带来的问题就是网络安全性，分片会使得作恶成本下降，单个分片中的算力大小和验证人节点数将远小于原来的整个网络，使得估计单个分片的成本下降。针对网络安全性的问题，现在分片设计的主要思路在于使用合适的共识算法、分片大小的划分、随机节点的分配来降低被攻击概率。

共识层改进方案包括 BFT（拜占庭容错）类共识、非 BFT 类共识和混合共识。在 BFT 类共识下，参与者通过投票决定共识内容，直接达成共识，在参与者数量不是很多的情况下较为适用。非 BFT 类共识下存在分叉可能，以 BTC 为例，通常需要 6 个区块才能较准确地判断某个交易是否被网络确认，而在 BFT 共识下，达成一致的共识不会被丢弃，因此 BFT 的响应时间也明显优于非 BFT 类共识。BFT 类共识的主要问题在于网络规模、容错率等方面。在非 BFT 类共识下，通过降低共识算法的复杂度和减少传播节点数量等方式减少验证时间、传播时间及形成共识时间，能够显著提升处理效率。

相比于工作量证明(Proof of Work,PoW),权益证明(Proof of Stake,PoS)以权益代替算力决定区块记账权,这在一定程度上解决了可扩展性问题,但是又带来了马太效应、记账激励、无利害关系攻击等新的问题。DPoS(Delegated Proof of Stake)在 PoS 的基础上将记账人的角色专业化,通过权益大小选出多个授权代表,授权代表轮流记账。这种共识下的效率得到了明显提升,但是牺牲了非中心化。混合共识指结合了多种方式的共识机制,如 Casper 采用了 PoW 与 PoS 的混合共识,EOS 采用了 DPoS 与 BFT 的混合共识。

8.1.3　链下扩容方案

链下扩容也称第二层扩容,是不改变公链基础协议的一种应用层上的扩展方案。链下扩容主要通过另外架设一层通道,在节点之间进行交易,数据计算都移到主链之外进行,过程数据将不再上链,主链只负责记录交易结果。链下扩容不受原有区块链影响,扩容性能没有上限,但也因是否中心化、数据不公开可能被修改等受到质疑。其中,闪电网络和雷电网络是链下扩容的重要代表。

闪电网络是一种比特币的链下扩容解决方案,在闪电网络中,交易双方可直接构建通道,之后便可在通道内点对点地实现任意多笔零确认的交易,它是一种允许加密货币的交易即时发生和成本降低的技术,使用这种技术可以实现交易的快速完成,而在传统的比特币网络中,则需要等待区块的确认。闪电网络基于一个可扩展的支付通道网络,通过序列到期可撤销合约(Revocable Sequence Maturity Contract,RSMC),使交易双方在区块链上的预先设置的支付通道进行的多次高频双向交易瞬间完成。同时,它通过哈希时间锁定合约(Hash Time Lock Contract,HTLC)在没有直接点对点支付信道的交易双方之间连接一条由多个支付通道构成的支付路径,实现资金的转移。通过建立支付通道,可以解决大部分的小额交易,不仅节约了链上处理的手续费,也节省了处理时间,交易不需要占有区块内存,也不需要共识机制的认证。

雷电网络是一种以太坊的链下扩容解决方案,促成了低成本即时交易处理。交易方先要建立交易通道,之后根据被锁定的信息与余额进行双向、高频次的交易确认,由多个交易通道构成的网络即为雷电网络。当交易完全结束时,才在链上记录账户余额的变动情况,这样大大缩减了需要存储的交易信息。

8.2　匿名性与隐私性

8.2.1　区块链系统中的隐私问题

在区块链信息系统中的隐私是指一些敏感数据或者通过这些数据分析出来的深层特性,这些数据的拥有者不希望这些信息遭到披露。在区块链的数据结构中,信息被保存在节点之中,信息之间的传递也在节点与节点之间,为了验证信息的正确性,节点上的信息是公开的,可以方便其他节点进行验证,通常需要公开的信息是交易内容。当前的区块链网络中,一旦数字钱包地址与其拥有者的个人信息对应起来,该钱包拥有者的所有账户信息、交易信息都将在整个网络中一览无遗并且无法消除,这比互联网的隐私泄露更加严重。

身份隐私和交易隐私是用户很重视的个人信息,这些信息一旦泄露在不可篡改的区块链上,有可能对用户产生很大的影响。在传统领域中,通常的做法是删除在数据库中存储的这类数据来保障隐私,而在区块链中很难实现,因为区块链是分布式账本的数据存储形式,即使用户发现地址暴露或者交易数据存在问题,也不能利用删除存储数据这种方式来进行弥补。因为存储数据的结构的特殊性,所有区块链系统都应更加注重对用户隐私的保护,无论是交易的过程还是数据的存储过程,尽可能地提高区块链的隐私防护能力。隐私保护可以使用环签名、属性加密和安全多方计算等方式实现。

8.2.2　环签名

环签名(Ring Signature)方案由 Rivest、Shamir 和 Tauman 三位密码学家于 2001 年首次提出。环签名也称为 CryptoNote,由群签名演化而来。群签名是利用公开的群公钥和群签名进行验证的方案,其中群公钥是公开的,群成员可以生成群签名,验证者能利用群公钥验证群签名的正确性,但不能确定群中的正式签名者。可是群管理员可以撤销签名,揭露真正的签名者群签名,这是群签名的关键问题所在。环签名方案则去掉了群组管理员,不需要其他成员之间的合作,签名者利用自己的私钥和集合中其他成员的公钥就能独立地进行签名,集合中的其他成员可能不知道自己被包含在了其中。这种方案的优势除了能够对签名者进行无条件的匿名外,环中的其他成员也不能伪造真实签名者的签名。外部攻击者即使获得某个有效的环签名,也不能伪造一个签名。

环签名的实现过程如下,假定有 n 个用户,每一个用户拥有一个公钥和与之对应的私钥。环签名是一个能够实现签名者无条件匿名的签名方案,主要包括生成、签名以及验证过程。构成环的数学原理如式(8-2)所示,其中 r_i 对应于签名者的随机数,P_i 是签名者的公钥。环签名过程实现如图 8.3 所示。

$$c_i = \mathrm{Hash}(m, r_{i-1} \times G + c_{i-1} \times P_{i-1}) \tag{8-2}$$

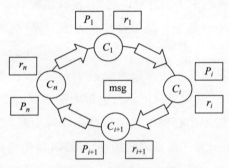

图 8.3　环签名原理图

保障安全是数据流通的关键屏障,必须通过技术手段保障流通数据安全与用户隐私安全。由于环签名具有无条件匿名性,可以应用于数据流通中的身份隐私,以实现云存储数据分享的身份隐私保护。数据分享是云存储的一个重要功能,实现数据分享的身份隐私保护是环签名的重要应用领域,可用于电子现金或电子投票系统,不仅效率高而且安全性也高。

环签名的发展趋势主要有:为环签名方案定义更好的、更强的安全性模型,以便在更为宽松的环境下,以更自由的方式产生环签名或者利用环签名来实现更好的方案。环签名与群签名结合,将各方优势互补。环签名的自发性的是一个非常好的性质,而其匿名性较强,易受不诚实签名者的攻击。群签名具有可撤销的匿名性,但是群的形成过程不自由,需要大量交互信息。因此,在数据流通场景中,可以考虑将环签名与群签名的优势结合起来,形成一种崭新的、性质更好的身份认证方案。环签名可以与组合公钥密码体制(Combined Public Key,CPK)结合。组合公钥密码体制具有灵活性高、用户空间大、效率高、可离线认证的特点,有学者基于CPK改进环签名方案,使认证具备匿名性的同时,还具有较高的扩展性和效率。但目前这方面的研究还比较初步,还需要更深入的研究。

8.2.3　属性加密

属性加密(Attribute-based Encryption,ABE)最早由Waters提出,也被看作是最具前景的支持细粒度访问的加密原语。与以前的公钥加密方案相比,ABE最突出的特点是实现了一对多的加解密。ABE不需要知道接收者的身份信息,把身份标识看作一系列属性,当用户拥有的属性超过加密者所描述的预设门槛时,用户可以解密。

基于属性加密主要分为两大类:密文策略的属性加密(Ciphertext Policy Attribute Based Encryption,CP-ABE)和密钥策略的属性加密(Key Policy Attribute Based Encryption,KP-ABE)。在CP-ABE中,密文和加密者定义的访问策略相关联,密钥则是和属性相关联;在KP-ABE中,密文则是和属性相关,而密钥与访问策略相关联。

属性加密算法一般包含四个部分:系统初始化阶段,输入系统安全参数,产生相应的公共参数和系统主密钥。在密钥生成阶段,解密用户向系统提交自己的属性,获得属性相关联的用户密钥;在加密阶段,数据拥有者对数据进行加密得到密文,并发送给用户或者发送到公共云端上;在解密阶段,解密用户获得密文,用自己的密钥进行解密。

在传统公钥体系中,公钥和私钥一一对应,需要使用接收者的公钥进行加密,接收者再使用自己的私钥进行解密。使用传统公钥体系分发消息时,需要为所有接收者进行一次加密操作。ABE属于公钥加密体系,但是与其他公钥算法不同的是,ABE的加密不需要使用特定接收者的公钥,而是使用属性来规定密文的访问策略,这样就避免了对同一消息的多次加密操作,因此适用于一对多的消息分发场景。在分布式系统中,通常需要可信服务器存储访问控制系统所需要的数据,但是这些服务器一旦被攻陷,数据也就不再安全。而使用 CP-ABE 加密之后,可以提高数据的安全性,即使服务器不可信,也能保证信息不泄露。此外,由于 CP-ABE 允许数据加密方规定访问结构,并且访问结构中的属性具有逻辑关系,因此可以满足细粒度的访问控制需求。

8.2.4 安全多方计算

安全多方计算(Secure Multi-party Computation,MPC)最初由图灵奖获得者、中国科学院院士姚期智教授在 1982 年通过百万富翁问题提出。安全多方计算主要针对无可信第三方的情况下,安全地进行多方协同计算问题,即在一个分布式网络中,多个参与实体各自持有秘密输入,各方希望共同完成对某函数的计算,而要求每个参与实体无法得到除计算结果外的其他用户的任何输入信息。安全多方计算的技术框架如图 8.4 所示。

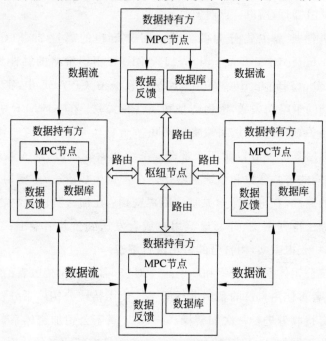

图 8.4 安全多方计算技术框架图

当一个 MPC 计算任务发起时，枢纽节点传输网络及信令控制。每个数据持有方可发起协同计算任务。通过枢纽节点进行路由寻址，选择相似数据类型的其余数据持有方进行安全的协同计算。参与协同计算的多个数据持有方的 MPC 节点根据计算逻辑，从本地数据库中查询所需数据，共同就 MPC 计算任务在数据流间进行协同计算。在保证输入隐私性的前提下，各方得到正确的数据反馈。整个过程中，本地数据没有泄露给其他任何参与方。

安全多方计算理论主要研究参与者协同计算及隐私信息保护，其特点包括输入隐私性、计算正确性及去中心化特性。安全多方计算研究各参与方在协作计算时如何对各方隐私数据进行保护，重点关注各参与方之间的隐私安全，即在安全多方计算过程中必须保证各方私密输入独立，计算时不泄露本地任何数据。参与各方就某一约定计算任务，通过约定 MPC 协议进行协同计算。计算结束后，各方得到正确的数据反馈。传统的分布式计算由中心节点协调各用户的计算进程，收集各用户的输入信息。而在安全多方计算中，各参与方地位平等，不存在任何有特权的参与方或第三方，提供一种去中心化的计算模式。

安全多方计算是密码学研究的核心领域，解决一组互不信任的参与方之间保护隐私的协同计算问题，能为数据需求方提供不泄露原始数据前提下的多方协同计算能力，为需求方提供整体数据画像，因此能够在数据不离开持有节点的前提下，完成数据的分析、处理和结果发布，并提供数据访问权限控制和数据交换的一致性保障。安全多方计算拓展了传统分布式计算以及信息安全范畴，为网络协作计算提供了一种新的计算模式，对解决网络环境下的信息安全具有重要价值。利用安全多方计算协议，一方面可以充分实现数据持有节点间互联合作，另一方面可保证安全性。

8.3　安全问题

8.3.1　51%攻击

对于将区块链作为底层技术的分布式网络，无论是采用工作量证明、股权证明还是其他重视算法,都无法避免的问题是——当一个或一群持有了整个系统中大量算力的矿工出现之后,他们就可以通过攻击网络的共识机制破坏网络安全性和可靠性。51%攻击发生的前提就是:一群矿工控制了整个网络的 51%或以上的算力。

举个例子:假设 Alice 有 50 比特币,她使用这些比特币支付给 Bob 以换取货物的同时,将其发给了自己的另一个比特币账号。相当于她同时与两个账户间产生了交易。之后 Alice 进行 51%攻击,在当前区块链高度上构建一个不包含转给 Bob 的交易区块,但包含转给自己的交易区块,并以算力优势将假冒区块链快速延长。最终只有 Alice 转给自己的那笔交易得到了确认,这也就是通过 51%攻击带来的危害,即出现双花问题。

有研究人员专门建立了一个名为 crypto51 的网站,用于估计对不同加密货币发起 51%攻击的成本,对于不同加密货币进行 51%攻击的成本计算如图 8.5 所示。防范 51%攻击时,一方面要避免集中掌握算力,以避免超过半数的算力集中在某一个或某几个人手中;其次,建议收款方在交易确认后等待 6 个区块,再完成交易内容,如果有人想篡改这笔交易,那么这时除了包含交易内容的区块数据,还需要完成 6 个区块内容的更新,这对于任何一个矿工都是一笔巨大的工作量。当然,等待的确认的区块数越多,交易的安全系数越高,不过网络拥塞问题也随之而来。此外,使用 PoS 共识机制也可以有效地规避 51%攻击问题,相比于 PoW 共识机制,PoS 共识机制发动 51%攻击的成本剧增。

名称	符号	市值	使用算法	哈希率	一小时攻击成本	可租借算力
比特币	BTC	\$323.83B	SHA-256	188 680PH/s	\$482 869	0
莱特币	LTC	\$4.71B	Scrypt	594TH/s	\$57 903	8%
以太坊	ETC	\$2.27B	Etchash	114TH/s	\$10 954	5%
比特币现金	BCH	\$1.97B	SHA-256	1556PH/s	\$3982	12%
大零币	ZEC	\$627.91M	Equihash	9GH/s	\$5000	13%
达世币	DASH	\$486.74M	X11	2PH/s	\$989	6%
渡鸦币	RVN	\$236.79M	KawPow	9TH/s	\$3810	17%
比特黄金	BTG	\$228.64M	Zhash	5MH/s	\$473	12%
Flux	FLUX	\$130.06M	ZelHash	5MH/s	\$904	26%

图 8.5 PoW 51%攻击的成本估计

8.3.2　日食攻击

日食攻击(Eclipse Attack)是一种相对简单的基础攻击,攻击者通过该攻击方式干扰网络上的节点。该攻击能够使对等网络中被攻击节点无法获取有效信息,从而引发网络中断或为更复杂的攻击做准备。

攻击者将某些特定节点完全包围,让该节点只能接收到攻击者发送的信息。当区块链网络中大多数对等节点被劫持以后,攻击者就可以利用这些劫持的节点发动日食攻击。与以往的攻击方式不同的是,日食攻击不会进攻整个区块链网络,而是瞄准某些特定节点进行隔离。这样一来,被隔离的节点将无法查看真实的区块链信息,只能接收到完全由攻击者控制、伪造的区块链数据信息。日食攻击成为了威胁区块链安全的主要攻击手段之一。

如果拥有足够多的 IP 地址,攻击者就可以对任何节点实施日食攻击。防止这种情况发生的最直接方法是阻止节点的非法接入,并仅与其他节点认证过的节点进行连接。这种方法有一定的局限性,会大大减少新接入节点的数量,因而不能够大规模实施。

8.3.3　DDoS 攻击

在区块链中,DDoS 攻击的主要目的是大量占用网络中的节点资源,使得这些节点无法提供正常的服务。如果受害节点过多,很可能会影响整个区块链网络的运行。分布式拒绝服务攻击(Distributed Denial of Service Attack,DDoS Attack)通过占用受害者的大量资源,使得受害者不能提供正常服务。DDoS 攻击主要利用网络上现有机器及系统的漏洞,攻占大量联网主机,使其成为攻击者的代理。当被控制的机器达到一定数量后,攻击者通过发送指令操纵这些攻击机同时向目标主机或网络发起 DoS 攻击,大量消耗其网络带宽和系统资源,导致该网络和系统瘫痪或停止提供正常的网络服务。

DDoS 攻击的表现形式主要有两种。一种为流量攻击,主要针对网络带宽,产生大量攻击包使得网络拥塞,合法网络包被虚假的攻击包淹没而无法到达主机;另一种为资源耗尽攻击,主要针对服务器主机,即使用大量攻击包致使主机的内存被耗尽或 CPU 内核及应用程序占完,从而无法提供网络服务。DDoS 攻击的攻击方式主要有 SYN、ACK Flood 攻击、TCP 全连接攻击和 TCP 利用 Script 脚本攻击。SYN、ACK Flood 攻击需要高带宽的主机,通过向受害主机发送大量伪造源和源端口的 SYN 或 ACK 包,导致主机的缓存资源耗尽或忙于发送回应包而造成拒绝服务。TCP 全连接攻击就是通过许多主机不断地与受害服务器建立大量的 TCP 连接,直到服务器的内存等资源被耗尽而被拖垮,从而造成拒绝服务,这种攻击的特点是可绕过一般防火墙的防护而达到攻击目的。TCP 利用 Script 脚本攻击的特征是和服务器建立正常的 TCP 连接,不断地向脚本程序提交查询、列表等大量耗费数据库资源的调用,是典型的“以小博大”的攻击方法。

8.4 法律监管问题

8.4.1 区块链技术标准与规范

国内外各大机构都在积极牵头制定区块链标准。从全球范围来看,不同国家对标准的着重点不一样。牛津大学网络空间安全中心主任、可信计算国际标准组专家安德鲁·马丁表示,美国更关注基础共性的标准;德国更关注工业区块链,偏向工程化的标准;日本则更关注服务类标准,如基于区块链的服务和应用实践等。

目前,中国对区块链技术标准的制定主要体现在基础设施方面,应用和服务的占比较小。中国是最早开展区块链标准化工作的地区之一,早在 2016 年 10 月,随着中国区块链技术和产业发展论坛的成立,中国开启了区块链和分布式记账技术领域的标准化工作。

作为区块链技术应用大国,中国在推动区块链标准的制定方面同样发挥着重要的作用。2021 年 7 月,国际电信联盟电信标准化部门(ITU-T)第 13 组(SG13)会议期间,在中国电信研究院区块链团队的共同努力下,由中国电信牵头的两项区块链标准——《基于区块链的固移及卫星网络融合》和《基于区块链的资源一体化架构》，经与来自中、美、英、加、韩多国专家多轮讨论协商，最终正式立项通过。

8.4.2　区块链相关政策

2016 年 10 月，工信部发布了《区块链技术和应用发展白皮书（2016）》，该书全面阐述国内外区块链发展现状、典型应用场景及应用分析，提出中国区块链技术发展路线图及区块链标准化路线图，并提出了相关政策、应用建议等。2016 年 12 月，国务院发布了《"十三五"国家信息化规划的通知》，在重大任务和重点工程方面，提到区块链、基因编辑等新技术基础研发和前沿布局，构筑新赛场先发主导优势。2019 年 10 月国家网信办公布了《区块链信息服务管理规定》，明确区块链信息服务提供者的信息安全管理责任，规范和促进区块链技术及相关服务的健康发展，规避区块链信息服务安全风险，为区块链信息服务的提供、使用、管理等提供有效的法律依据。2021 年 6 月，工信部和中央网信办联合发布了《关于加快推动区块链技术应用和产业发展的指导意见》，明确"到 2025 年，区块链产业综合实力达到世界先进水平，产业初具规模"。区块链应用渗透到经济社会多个领域，在产品溯源、数据流通、供应链管理等领域培育一批知名产品，形成场景化示范应用。2021 年 11 月，工信部发布了《"十四五"信息通信行业发展规划》，通过加强区块链基础设施建设增强区块链的服务和赋能能力，更好地发挥区块链作为基础设施的作用和功能，为技术和产业变革提供创新动力。

本章小结

区块链仍有着不少亟待解决的问题，本章分别列举了区块链常见的问题，对应地给出了解决方法，分析了各种解决方案中的核心技术，也对解决方案提出了一定的展望。随着区块链 3.0 的进一步发展，也会产生各种新的问题以及相应的解决方案，技术的发展既是机遇也是挑战。

第9章

区块链的未来——Web 3.0与元宇宙

在过去的几年里,加密货币和区块链成为热点,关键词 Web 3.0 与元宇宙已广为人知。Web 3.0、NFT、元宇宙到底是什么? 它们与区块链之间又有怎样纷繁复杂的关系? 元宇宙会是人们未来的生活吗? 本章将介绍 Web 3.0 的发展历史、基础设施以及 Web 3.0 中价值流通的关键概念 DeFi 与 NFT,之后将介绍元宇宙的概念以及元宇宙与 Web 3.0 的关系。

9.1　Web 3.0

9.1.1　Web 3.0 的演进

Web 3.0 的演进过程如图 9.1 所示。

1989 年万维网(WWW)诞生,Tim Berners-Lee 看到了超文本在互联网中的潜力,提出了万维网的概念。1991 年 Tim Berners-Lee 创建了第一个万维网网站,该网站的诞生标志着 Web 1.0 时代的开启。Web 1.0 的特点是只读,用户只接收信息,不参与创作,网站提供内容。Web 1.0 是静态互联网,主要的应用是网络媒体。各网络媒体雇佣一大批编辑,将图文并茂的内容发布成为网页。读者访问网站,浏览数字内容,但只能读不能写,无法参与内容的创造。整个 Web 1.0 媒体相当于传统报刊的电子化,其中比较有

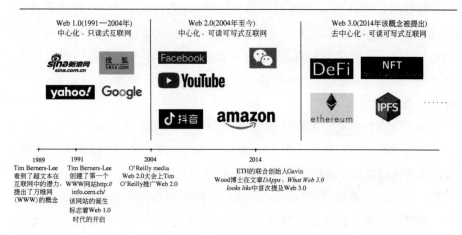

图 9.1　Web 3.0 演进过程

代表性的如搜狐、新浪等门户式互联网。

在 2004 年的 O'Reilly media Web 2.0 大会上，Tim O'Reilly 推广了 Web 2.0，之后 Web 2.0 逐渐被世人接受。Web 2.0 的特点是可读可写，用户可以接收信息也可以参与互动，内容由网站提供或由用户自主创作内容。Web 2.0 是交互式互联网，主要的应用是社交网络和电商等。比较有代表性的如 Facebook、微信、微博、抖音、YouTube 等。

2014 年以太坊（ETH）的联合创始人 Gavin Wood 博士在文章 *DApps：What Web 3.0 looks like* 中首次提及 Web 3.0。Web 3.0 的理念是成为可读可写可拥有、自助式、用户式互联网，用户不仅可以接收信息和参与互动，还可获得创作的价值，内容由用户创建并获得创作收益。具有代表性的平台如比特币、以太坊等区块链平台、NFT 等应用以及以 IPFS 为代表的分布式存储协议。

9.1.2　Web 3.0 与区块链

Web 3.0 的宗旨就是去中心化，没有一个中心化的机构来控制、审核用户，用户对于自己的数据隐私是有绝对掌控权的，而区块链技术又与 Web 3.0 的愿景尤为契合，这也是区块链被称为价值互联网的原因之一。区块链中的智能合约是 Web 3.0 的基石，一切规则被写进协议，一旦开启就不可篡改，代码开源公开透明，接受所有人的检查；同时，区块链节点分布式的协同共识把信任的需求降到最低，人们只需要代码验证即可。所以用户发布信息将不再受平台审查，因为这里没有一个中心化的管理者，也可以说，人人都是管理者。

Web 3.0 提出的去中心化模式可以应用于网络生态系统的任何部分，包括虚拟主机、存储、域名系统、应用程序和搜索功能。在这一过程中，区块链在改变传统的数据存储和管理方法方面发挥着至关重要的作用。Web 3.0 包括统一身份认证系统、数据确权与授权、隐私保护与抗审查、去中心化运行等关键特征。基于区块链思维而进化出的全新网络形态，如以太坊以及基于以太坊建立的一些去中心化的应用，是目前 Web 3.0 的代表性应用。

9.2 Web 3.0 基础设施

9.2.1 去中心化身份

DNS(Domain Name System)是传统 Web 2.0 的重要组成部分。当用户上网时，服务器会将用户的网址请求解析成 IP 地址返回给用户。这种可读性更高的域名系统降低了用户访问网址的难度，为 Web 2.0 的建设做出了重要贡献。DNS 解决了 Web 2.0 访问的问题，然而随着网址的不断增多以及 Web 2.0 中心化的特点，用户往往需要注册大量的网站账号，用来访问不同的网站。针对这一问题，尽管许多应用支持使用较为主流的第三方社交 App 直接登录(如用微信账号登录)，但总体来看，这种各大网站直接分散割裂而导致用户需要注册大量账号的问题依然存在。总体来说，用户需要通过注册才能够使用中心化机构管理的域名和账户系统来访问应用。那么用户该如何做到无许可、更低门槛地访问各类互联网应用呢？

不同于 Web 2.0 的中心化特点，Web 3.0 用户登录行为依靠去中心化身份(Decentralized IDentity，DID)。DID 可被看作 Web 3.0 中的身份中心。用户控制着 DID 的中枢，他们决定何时、与谁以及在什么条件下透露他们的数字身份要素。DID的组成如图9.2所示。

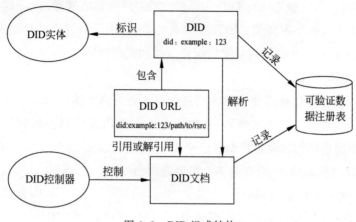

图9.2　DID组成结构

（1）DID主体。

DID主体是由DID标识的实体。任何东西都可以是DID主体，如人、组织、设备等。

（2）DID。

DID是一串字符串，如中间的example就是所在的域，"123"表明了这个身份在域中的地址。

（3）DID URL。

DID URL扩展了基本DID的语法以包含其他标准URI（Uniform Resource Identifier）组件，例如路径、查询和片段，以便定位特定资源，如定位到DID文档内的加密公钥。DID URL可作为输入，并生成资源作为输出，此过程称为DID URL解引用。输出的资源可能是一个DID文档加上额外的元数据，可能是包含在DID文档中的辅助资源，也可能是完全在DID文档之外的资源。解引用函数之后，可以对DID文档执行附加处理，以返回由DID URL指示的解引用资源，之后DID URL不再引用该资源。

（4）DID文档。

DID可解析为DID文档。DID文档包含与DID相关的信息。每一个DID标识都会对应一个DID文档。这个文档就是一个JSON字符串，一般包含以下信息：①DID 标识符（必需）；②证明全局唯一加密材料的集合，如公钥，可用于身份验证或与 DID 主体的交互；③验证方法集合，一组用于与 DID 主体交互的加密协议；④服务端点的集合，用于描述与 DID 主体交互的位置和方式；⑤时间，包括文档创建时间和更新时间。

（5）DID 控制器。

DID 控制器是具有对 DID 文档进行更改能力的实体（由 DID method 定义，如个人、组织或自治软件）。这种能力通常由代表控制器的软件用使用的一组加密密钥的控制来声明。一个 DID 可能有多个控制器，而 DID 主体可以是 DID 控制器，也可以是多个控制器中的一个。

（6）可验证数据注册表。

DID 通常记录在某种底层系统或网络上，以解析为 DID 文档。任何支持记录 DID 和返回生成 DID 文档所需数据的系统都称为可验证数据注册表（Verifiable Data Registry），包括分布式账本、去中心化文件系统、任何类型的数据库、对等网络和其他形式的可信数据存储（目前最常用的是区块链存储方案）。

9.2.2　分布式存储

Web 3.0 致力于改变中心化平台对数据的控制，从这个角度看，Web 3.0 不会将数据存储在中心化的服务器中。由于 Web 3.0 项目存在海量的数据存储需求，分布式存储是重要基础设施。相比于传统的中心化存储，分布式存储具有安全性高、隐私保护、防止单点失效等优势。但在实际应用过程中，分布式存储面临着可靠性、用户体验和监管政策等方面的风险。当前主要的分布式存储项目包括 IPFS 和 Arweave 等。

IPFS（Inter Planetary File System，星际文件系统）是一种基于内容寻址、版本化、点对点的超媒体传输协议，是一个 P2P 的分布式文件系统，对标 HTTP，其目标是打造一个更加开放、快速、安全的互联网。

HTTP 最初设计目标是用于在 Web 浏览器和 Web 服务器之间传输信息，它使用基于位置的寻址，允许用户访问存储在集中服务器上的数据。虽然这简化了数据的管理和分发，但效率不高。因为当用户访问一个网站时，用户的浏览器必须直接连接到托管该网站的服务器。对于较大的音频和视频文件，它可能会占用大量带宽（特别是当原始服务器位于很远的地方时），浏览或下载高访问率的内容也会导致网络拥塞。

IPFS 不是按位置来引用数据（如图片、文章、视频），而是通过该数据的哈希来引用所有内容，即内容寻址。如果用户想从浏览器访问特定页面，IPFS 会询问整个网络，IPFS 上包含相应哈希的节点将返回数据，允许你从任何地方访问它。基于 HTTP 的中心化存储与 IPFS 的对比如图 9.3 所示。

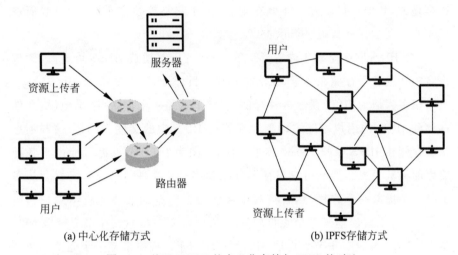

(a) 中心化存储方式   (b) IPFS存储方式

图 9.3　基于 HTTP 的中心化存储与 IPFS 的对比

当往 IPFS 节点添加一个文件时，如果文件大小超过 256KB（这个值可以设置），IPFS 会自动将文件分片，每个分片的大小为 256KB，然后将切片分散存储到网络的各个节点中。每个分片都会生成唯一的哈希，然后把所有分片的哈希值拼接之后再计算得到该文件哈希。每个 IPFS 节点都会保存一张分布式哈希表（Distributed Hash Table，DHT），它包含数据块与目标节点的映射关系。无论哪个节点新增了数据，都会同步更新 DHT。当需要访问这个文件时，IPFS 通过使用一个分布式哈希表，可以快速地找到拥有数据的节点，这样获取文件的所有分片哈希，然后重新组合成完整的文件，并使用哈希验证该数据是否正确。

从 IPFS 的原理可以看出，IPFS 可以解决现有 HTTP 的一些缺陷。

（1）使网站脱机变得困难。如果有人攻击某个网络服务器或工程师犯了一个大错误，导致服务器崩溃，你仍然可以从其他节点获得相同的页面。

（2）IPFS 节点上的文件只能添加，无法删除，确保不会出现类似于 HTTP 404 的错误。如果用户修改一个文件后重新添加，IPFS 会重新生成跟原文件不同的哈希值，篡改后的文件在 IPFS 网络里面是新的文件，通过原来的哈希访问的一定是你添加的那个文件，而不是篡改后的文件。

（3）使主管部门审查内容变得更加困难。因为 IPFS 上的文件可能来自很多地方，其中一些地方可能就在附近，由于它不需要主干网，所以政府或组织几乎无法拦截数据进行审查。

（4）IPFS 网络是基于内容寻址的，所以它天然地抗 DDoS 攻击，因为攻击者不知道数据存储在哪里，无法找到攻击目标。

很多人认为 IPFS 是永久性存储，事实上这是一个误解，准确地说，文件存储到 IPFS 的用户不能主动删除存储在 IPFS 中的文件。但是，这并不意味着存储在 IPFS 中的文件将被永久保存，因为 IPFS 节点有可能由于各种原因而将其丢失。如果用户正在下载或调用这个文件，IPFS 系统就会从多个节点中提取一个碎片，然后将其拼接成一个完整的文件呈现给用户。例如，从 N1、N2、N3 这三个节点提取 M1，从 N4、N5、N6 这三个节点提取 M2，从 N7、N8、N9 这三个节点提取 M3，然后将三个片段拼凑成一个完整的文件 M。若在操作过程中，例如取一个片段 M1，系统发现 N1 节点由于某种原因失效，它将找到 N2 和 N3。由于 N1、N2 和 N3 是三个不同的节点，它们很少同时发生故障，因此 A1 通常可在三个节点中找到。

但是，如果 A1 存储时间很长，那么 N2、N3 和 N3 三个节点都因为某种原因失效了，文件 A1 就无法再得到了。

9.2.3 隐私计算

数据隐私已成为全球监管的焦点问题，现行的解决方案一是强化法律保护，让使用者意识到盗用用户数据是违法行为；二是引入隐私计算，通过同态加密、多方安全计算、可信执行环境等技术，保证数据在使用过程中是明文不可见的。在 Web 3.0 时代，用户将倾向于用更彻底的方式保护个人数据隐私,从而引发数据所有权和价值的转移。随着应用的去中心化,在链上数据可查的情况下,用户行为、产生的数据乃至应用协议亦需得到隐私保护。隐私保护是多方面的,包括基础区块链平台隐私保护、存储数据隐私、用户私钥管理、匿名协议等多方面。

目前隐私计算处于技术多路径探索阶段。目前隐私计算主要的技术路径包括多方安全计算、联邦学习、机密计算、差分隐私、同态加密、零知识证明等。从已商用场景分析,安全多方计算、联邦学习与机密计算商用的进展较为领先,零知识证明主要用于区块链场景中。由于隐私计算可以解决一组互不信任的参与方在保护隐私信息以及没有可信第三方的前提下的协同计算问题,在 Web 3.0 中,具备隐私计算功能的基础设施不仅可以保护用户的个人数据,而且可扩展应用程序的设计空间。

区块链中已经有很多隐私计算项目,例如 Oasis Labs。2018 年,加州大学伯克利分校的计算机科学教授 Dawn Song 领导创建了 Oasis Labs,致力于构建基于区块链的云计算平台,旨在解决当下区块链在性能、安全、隐私上的痛点。

以太坊作为区块链的基础公链是没有隐私保护的。作为后来者的 Oasis,选择的路径是隐私计算,即在提供数据隐私和安全保护的同时,也具有非常高的可扩展性。2020 年 11 月 19 日零时,Oasis 主网正式启动上线。2020 年 11 月 25 日,国家级区块链平台 BSN 宣布集成 Oasis 网络,Oasis 网络正式迈入中国首个政府支持的区块链计划队列。

隐私保护＋高性能的公链 Oasis 致力于隐私保护和高性能,但对于产品是如何实现的,涉及较多技术细节,这部分相对难懂。而链上的应用发展情况却是直观易懂的,也是用户了解某个区块链最容易感知的部分,链上生态项目的质量、官方扶持力度的大小,都决定了 Oasis 是否有潜力和发展空间。Oasis 发展生态上的特点包括:(1)巨额资金激励,广泛吸引开发者构建基于 Oasis 的应用;(2)兼容 EVM,降低开发者参与门槛,无须另起炉灶;(3)设计选拔机制,重点扶持脱颖而出的项目,为明星项目铺路。

Oasis 区块链自带隐私保护特性,无须通过 L2 的方式进行增加,这也是 Oasis 目前区别于其他区块链的重要特征。而实现这一特征需要用到机密计算（Confidential Computing）技术，这是一个在云计算领域的概念。抛开复杂的技术实现而言，其本质是将敏感或隐私数据隔离在受保护的区域CPU中，这些数据和处理数据的技术只能由授权的合约访问，并且对任何其他人都不可见。举个例子，如果在 Oasis 上有一个共享租车的 Dapp，使用该Dapp 时，用户可能会被要求提供其驾照和身份信息来判断他是否有驾驶资格，于是他面临着一个两难选择：提供身份信息可能导致信息泄漏，不提供身份信息则无法使用服务。实际应用中，需要隐私信息的场景非常多，区块链不能明文存储隐私信息，这时 Oasis 可以将用户上传（或从政务部门调取）的身份信息进行加密，并存入一个安全的"黑盒子"中，他人无权访问这个黑盒子。随后黑盒子只需通过智能合约，向 Dapp 返回"是"和"否"的结果，即该用户是否有资格驾车，而无须展示用户本身的身份信息，这样就解决了"需要隐私数据但又不能出示数据本身"的困境。

这种做法与零知识证明类似，但实现上有所不同。机密计算依赖一个名为"可信计算"的环境（Trust Execution Environment），该环境与硬件相关，它可以是计算设备（如手机、电脑）等 CPU 上的一块区域，用来存储隐私信息，并能保证即使在手机或者电脑系统被攻破的情况下，也无法访问该区域存储的信息（手机指纹支付的指纹信息就存储在安全芯片中，也是 TEE的一种）。Oasis 的隐私保护技术如图 9.4 所示，它具有 3 个特征。（1）保密性：安全飞地中的数据和代码始终保密。（2）完整性：即使操作系统被破坏，安全飞地中的数据仍可保持完整。（3）可验证性：即使没有对飞地的访问权限，也能验证飞地内运行的结果。

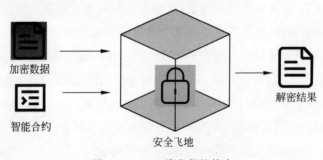

加密数据

智能合约

安全飞地

解密结果

图 9.4　Oasis 隐私保护技术

9.3　Web 3.0的价值流通

9.3.1　NFT：Web 3.0用户价值的重要载体

NFT是非同质化通证(Non-Fungible Token)的缩写，具有不可分割、不可替代、独一无二等特点。NFT是Web 3.0用户价值的重要载体，可以完美地承载起用户创造内容的价值。NFT是一种架构在区块链技术上的，不可复制、篡改、分割的加密数字权益证明，可以被理解为一种去中心化的"虚拟资产或实物资产的数字所有权证书"。NFT是非同质化代币，那么同质化代币是什么呢？以下举例说明。

第一，有很多张100元面额的人民币，它们除了编号不同外，其本质没有任何区别。无论用哪一张100元的人民币都能够购买价值100元的商品，这就是同质化代币的第一个特性——广泛性且不以交换为价值转移。

第二，人民币都有面额，如100元、50元、10元，每张人民币都会有一个计量单位与其关联，来恒定其价值的大小，这是同质化代币的第二个特性——物质本身的价值是计量的。

第三，100元的人民币的价值可以拆分为两张50元面额的人民币，在现实中就是换零钞，这体现的是同质化代币的第三个特性——价值可拆分。

世界上流通的货币都是同质化代币，在数字货币的世界里，对应的就是比特币、莱特币等各种电子货币，这些也都是同质化代币。那么NFT具有怎样的特点？它的价值该如何判定呢？可以将NFT类比为艺术品，如《蒙娜丽莎》，进行分析。

第一，《蒙娜丽莎》真迹只有一份，虽然有其他很多复制品，但是原件只有那一份，其价值最高。原件具有如此高的价值，是因为它具有唯一性。它不像传统货币那样，每一张面额与一定的钞票价值是锚定的。这是非同质化代币的第一个特性——唯一性且价值绑定。

第二，《蒙娜丽莎》究竟价值多少？再广泛一点，市场上交易的各类艺术品价值多少？从来没有一个规则规定他们该如何定价，其价值不再是锚定的,由其内在所携带的深层次寓意、宗教、信息以及外在广大市场认可度共同决定。这是非同质化代币的第二个特性——物质本身的价值不计量,由其本身内在与外在共同决定。

第三,《蒙娜丽莎》能否拆开来卖? 显然是不能的。如果拆开了,那也就失去了原有价值。这是非同质化代币的第三个特性——价值不可拆分。

同样地,数字世界里,对应的就是 NFT 了。NFT 是基于区块链技术的一种确权——唯一性的确定。它可以是一张图片、一幅画、一段音乐。那么从以上总结的特性来看,NFT 其本质依然是一种承载价值的虚拟货币,只是可以将 NFT 理解为一件数字艺术品。

NFT、人民币,以及其他数字货币的对比如图 9.5 所示。

	NFT	人民币	数字货币
是否同质化	非同质化代币	同质化货币	同质化货币
价值是否可分割	不可分割	可分割	可分割
是否可计量	不可计量	可计量	可计量

图 9.5 同质化货币与非同质化货币对比

通常人们会质疑这样的数字艺术品并不具备稀缺性,因为可以很容易地通过截屏或者复制数字文件的方式大量复制这些作品。不过,即使对于实物,也同样存在类似的问题。任何人都可以拍下蒙娜丽莎的照片,或者制作其复制品,但是这些都不是艺术家的真品,人们愿意为原创作品支付溢价。而数字艺术品或收藏品的另一个有趣的地方在于,你可以很容易地验证其所有权流转的历史。

目前 NFT 项目主要集中在数字收藏品、游戏资产和虚拟世界三个领域。

(1)数字收藏品:由用户创造的具有特定的文化印记和艺术美感的多媒体内容,如 NBA Top Shot 是 NBA 球星的短视频剪辑收藏品 NFT、CryptoPunks 是像素头像 NFT。

(2)游戏资产:更强调用途,如用户在 GameFi 中获得的各种游戏 NFT 可以在第三方平台交易,给用户价值反馈。

(3)虚拟世界:一般拍卖其中的地块和特殊物品,如 Sandbox 中的土地 NFT,玩家可将该 NFT 进行个性化建设,并用来交易。

9.3.2　DeFi：帮助 Web 3.0 价值流通的金融系统

去中心化金融（Decentralized Finance，DeFi）帮助 Web 3.0 中产生的用户价值得以流通，为数字资产提供流动性。DeFi（见图 9.6）是指基于区块链智能合约的平台和产品，其为用户提供诸如交易、保险、汇款、借贷、衍生品等金融服务，而无须通过中心化金融平台机构或第三方。所有的 DeFi 协议本质上都是在提供一种金融服务，可以理解为由金融服务机器人来提供金融服务，类比到传统世界里，就是一家银行给你提供借贷服务，或者一家理财公司帮你理财，又或者一家基金公司帮你做投资。这些金融机器人跟传统世界里的金融服务公司类似，不同的是这些机器人自动执行、自动操作，并且是完全去中心化运行的，由代码组成。

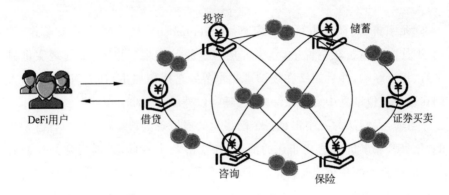

图 9.6　DeFi 框架图

以 DeFi 中的借贷服务（见图 9.7）为例，借贷人手上有比特币，假设一个比特币值 1 万美元，并且借贷人认为比特币会涨到 10 万美元，但是借贷人现在缺钱，怎么办呢？借贷人可以不卖掉比特币，而是把比特币抵押借贷，给到借贷服务，再获得贷款——可能是 6000 美元。6000 美元来自金主，金主手上有闲置的资金。借贷服务是由智能合约编写的，是完全透明公开、去中心化的。如果借贷人不愿意还钱，借贷服务就把他的比特币卖掉，让金主把这笔钱拿回来。通过这样的方式，金主就可以安心地存钱了。

图 9.7 DeFi 中的借贷服务

9.4 元宇宙

9.4.1 元宇宙的概念

"元宇宙"的概念由科幻作家 Neal Stephenson 于 1992 年在其著作《雪崩》中首次提出。在小说中,元宇宙是一个脱胎于现实世界、又与现实世界平行、相互影响,并且始终在线的虚拟世界;它栩栩如生、让人沉浸其中,人们在这个虚拟世界中可以做除吃饭、睡觉以外的任何事。

当前,人们认为元宇宙是一个网络化的虚拟现实;人们表现为自己设计的"化身",从事世俗的和非凡的活动,像在游戏中一样,人们居住并控制着在空间中移动的角色;人们在基础设施完善的虚拟世界中,可以和现实物理世界一样,全方位实现身份认同、货币交易、社区归属感、职业发展等个人需求和社会需求。

元宇宙并非一个与现实世界对应或者需要类比的"地方",而是指称一种现有关系映射的超越突破的、新型的动态影响。围绕元宇宙的一切探索、实验,都不应当是试图"再造"一个世界。同样地,元宇宙的价值也应当远远大于与现实的一一映射。目前能够达成一致的是,元宇宙应该是这样一种具备"互操作性"的关系,即价值、信息在虚实二界之间进行无限、实时地流动和交换(见图 9.8)。由于深度的融合、技术的赋能,人们能在更广阔的领域里进行创造,更多的界限被打破。

图 9.8　现实世界与元宇宙之间的相互转化

9.4.2　元宇宙发展阶段

1. 第一阶段：多平台阶段

全球各大主要互联网企业、部分元宇宙创新型企业纷纷发布自己的元宇宙平台，所有游戏企业、应用开发企业、个人都可以在这些平台上进行产品应用，已有游戏通过代码转化的方式，可以将游戏带入这些平台，更多的开发者可以在平台上基于平台的规则和平台提供的工具，进行内容开发。消费者可以进入平台，进行体验、创作和消费等。这些平台各有发展重点，并且会不断扩大应用的范围。在第一阶段的中后期，不同平台之间会基于业务的特点，尝试将接口进行合作融合，实现消费者在部分领域的互通。

2. 第二阶段：平台融合阶段

平台融合阶段分为平台爆发期与平台融合期两个时期，平台将分别经历平台数量爆发与逐步融合的过程。在平台爆发期，其内部推动力是硬件的突破，外部推动力是网络技术的发展。在平台爆发阶段，创业者基于新兴接口设备（如人机互动装备、半脑机接口、脑机接口、混合接口）开发出适应新元宇宙接口和信息技术的元宇宙平台——专业性平台（针对某一领域或应用，例如星空宇宙、商业、工业、医疗等）和通用性平台（综合多种功能）。在平台融合阶段，整体平台数量不断减少，虽然在平台爆发阶段也有平台开始融合，形成更大的平台，但整体平台数量仍然是增加的。在平台融合阶段，平台数量持续减少，最终将形成数个大元宇宙平台。

131

3. 第三阶段：全面元宇宙时代

该阶段完全达到了元宇宙的完美状态，即全球只有一个去中心化的元宇宙大一统平台，该平台不受任何国家、企业、组织、人工智能中央系统的控制，基于人类共同达成的原则，实现 24 小时运行。这需要全球实现共同富裕，共产主义社会初步实现。该阶段短期内难以实现，甚至永远无法实现。

9.4.3 Web 3.0 与元宇宙

Web 3.0 与元宇宙究竟有何关系呢？它们均代表互联网的未来，Web 3.0 是基础设施，元宇宙是上层建筑，Web 3.0 是技术发展方向的未来，元宇宙是应用场景和生活方式的未来，二者之间相辅相成、一体两面。元宇宙是建立在 Web 3.0 基础之上的。一方面，元宇宙具有可信的资产价值和身份认证，是承载虚拟活动平台，也是对现实世界的虚拟映射。用户在元宇宙中进行社交、娱乐、创作、展示、教育、交易等活动时需要先进技术作为支撑，Web 3.0 技术的发展从根本上让元宇宙实现了其对标现实世界底层逻辑的复刻，给元宇宙的爆发提供了核心技术支撑。另一方面，Web 3.0 打破互联网巨头壁垒，使每个现实用户的真实资产与价值完全映射到元宇宙中，这奠定了元宇宙生态世界的核心基础——生命数字化，更加夯实了"Web 3.0 是创建元宇宙的基础"这一观点。

Web 3.0 技术方向包含了区块链、人工智能、大数据等技术创新和去中心化自治组织（Decentralized Autonomous Organization，DAO）网络组织模式创新。在元宇宙中，AR/VR 解决元宇宙前端的技术需要，而 Web 3.0 在后端提供强有力的技术支撑。为了让元宇宙成为现实，而不是被资本炒作的概念，它需要开源的、可交互操作的、由大众而非少数人控制的互联网生态环境。拥有可交互操作的开源公链是确保虚拟世界和现实世界能够无缝链接的关键技术。

Web 3.0 生态本质上是吸收区块链技术的引擎。每个新的区块链概念都会立即被识别，并集成到 Web 3.0 中，这将为元宇宙产品提供动力。尽管传统公链仍然是 Web 3.0 生态的核心，但在 DeFi 和 NFT 等技术创新的背景下,区块链技术使这两个术语有了更多的交集。Web 3.0意味着互联网访问将是无处不在的——跨地区、跨网络和跨设备。目前,人们主要使用PC和智能手机进行网络连接。未来,通过在可穿戴设备、智能设备、AR/VR设备、物联网接口及智能汽车等领域提供Web 3.0的方式,互联网的使用范围将爆炸式扩张。

本章小结

本章主要对区块链未来发展的方向Web 3.0进行介绍。首先分析了Web 3.0的发展历史、重要的基础设施、去中心化身份、分布式存储以及隐私计算,然后介绍了Web 3.0中的价值流通方式(包括NFT与DeFi技术),最后介绍了未来人类的生活方式——元宇宙。

参 考 文 献

[1] 魏翼飞,李晓东,于非.区块链原理、架构与应用[M].北京:清华大学出版社,2019.

[2] Lu Y. The blockchain: State-of-the-art and research challenges [J]. Journal of Industrial Information Integration,2019,462-478.

[3] 孙雪冬,刘铭,王新民.区块链发展应用综述[J].吉林大学学报(信息科学版).2022,40(05):798-804. DOI:10.19292/j. cnki. jdxxp. 2022.05.016.

[4] 靳世雄,张潇丹,葛敬国,等.区块链共识算法研究综述[J].信息安全学报,2021,6(02):85-100. DOI:10.19363/J. cnki. cn10-1380/tn. 2021.03.06.

[5] 谭作文,唐春明.区块链隐私保护技术研究综述[J].广州大学学报(自然科学版),2021,20(04):1-15.

[6] 徐蕾,李莎,宁焕生.Web 3.0 概念、内涵、技术及发展现状[J/OL].工程科学学报:1-13[2022-12-27]. http://kns. cnki. net/kcms/detail/10. 1297. TF. 20221206. 1518. 004. html.

[7] Bernabe J B,Canovas J L,Hernandez-Ramos J L,et al. Privacy-preserving solutions for Blockchain: review and challenges[J]. IEEE Access,2019,164908-164940.

[8] 毛瀚宇,聂铁铮,申德荣,等.区块链即服务平台关键技术及发展综述[J].计算机科学,2021,48(11):4-11.

[9] 辛玉红,冉城,刘德辉.区块链智能合约技术应用综述[J].现代信息科技,2021,5(20):185-189. DOI:10.19850/j. cnki. 2096-4706. 2021.20.048.

[10] 李鸣,张亮,宋文鹏,等.区块链:元宇宙的核心基础设施[J].计算机工程,2022,48(06):24-32+41. DOI:10.19678/j. issn. 1000-3428.0064120.